U0363595

室内手绘效果图
表现技法

周慧　徐景福　张信超　编著

王兆丽　陈虹钢　张迪　陶蕊　王涵　张静　编

北京希望电子出版社
Beijing Hope Electronic Press
www.bhp.com.cn

内 容 简 介

手绘表现技法，作为设计理念传递的桥梁，它能够直接、有效地与客户进行面对面的沟通。借由手绘，能直观呈现设计思路与方案，把抽象的想法及概念转化为具象的图形与图像。本书共分为九章，涵盖从材质线条表现、透视比例关系、单体和空间手绘等一系列线条稿训练，到马克笔的施工工艺表现以及效果图表现的绘制过程，同时介绍了手绘板与 AIGC 手绘。书中案例为具有代表性的校企合作实体项目，将学生的基础手绘提升至具有创造性、实用性的表现水平。第九章展示历届学生优秀作品，从而提升学生的审美素养。

本书以企业需求为指引，以实践项目为支撑，注重国家制图标准与实践经验的相互结合，旨在提升学生的综合素质与就业竞争力，培育具备实际操作能力与创新思维的高素质环境设计专业人才。本书适合作为高等院校艺术设计、室内设计、建筑装饰设计等相关专业教材，亦可作为室内设计师、施工员及其他相关专业技术人员的参考书。

图书在版编目（ＣＩＰ）数据

室内手绘效果图表现技法 / 周慧, 徐景福, 张信超
编著. -- 2 版. -- 北京 ： 北京希望电子出版社, 2024. 8.
-- ISBN 978-7-83002-873-2

Ⅰ. TU204

中国国家版本馆 CIP 数据核字第 20248EF435 号

出版：北京希望电子出版社　　　　　封面：陈蓓蕾
地址：北京市海淀区中关村大街 22 号　编辑：龙景楠
　　　中科大厦 A 座 10 层　　　　　　校对：王小彤
邮编：100190　　　　　　　　　　　开本：787mm×1092mm　1/16
网址：www.bhp.com.cn　　　　　　　印张：11.5
电话：010-82702693　　　　　　　　字数：272 千字
经销：各地新华书店　　　　　　　　印刷：北京博海升彩色印刷有限公司
　　　　　　　　　　　　　　　　　版次：2024 年 8 月 2 版 1 次印刷

定价：59.80 元

序

在现代室内设计领域中，手绘表现技法无疑是设计师展现创意与才华的重要手段之一。在创意与设计的实施过程中，手绘是当下思维图式化推演的最佳选项。设计思维在由抽象向具体慢慢推进、演变的整个推导过程中不断地进行修改和完善，最终达到满意的效果。当然，整个手绘效果图表现过程需要眼、脑、手协调配合才可以充分表现。有这样一句话："人类的智慧就是在笔尖下的流淌。"不言而喻，手绘表现对设计师的观察力、表现力、创造力和整合能力都起到了良好的锻炼作用。然而，一些初学者往往会在手绘表现技法上遇到一些困难，不知道如何提升自己的手绘技巧，或者只是停留在模仿和临摹的层面上。本书以其全面而实用的内容，引导读者逐步掌握设计表现技法，给读者提供了一个深入学习手绘技法的平台。

本书不仅涵盖了丰富的手绘基础知识，还详细介绍了手绘表现技法和技巧。通过大量精彩的施工工艺案例和实体项目的展示，本书令读者可以直观地了解到手绘在室内设计中的实际应用。本书编者团队是多年在教学一线和施工现场一线工作的双师型教师，他们立足于加强设计教育中有关设计表现理论与手绘表现层面的意识，结合校企合作的实际案例，与行业紧密衔接，为学生以及设计师提供理论、经验和技术，并把手绘表现作为一种服务于设计、交流于设计的手段，成为设计师个人设计风格与审美取向的营建路径，使手绘效果满足设计所需。本书结合当下数字化手绘前沿技术，从传统手绘到手绘板手绘，再到AIGC手绘均进行了详细展现，相信无论是初涉设计领域的新手，还是经验丰富的专业人士，都能从中受益匪浅。为了保证本书的品质，特邀请了国内知名的企业设计总监和东北地区知名院校专家学者联合组成了编审团队，对本书进行了审校。

我相信本书是一本充分体现了专业知识、实践水平、行业前沿和具有高度社会责任感的教材，它一定能很好地适应我们的艺术设计专业教学，从而在真正意义上促进艺术设计教学的改革与发展。

吉林建筑大学副校长
中国建筑学会室内设计分会副理事长
2024年1月9日

前　　言

　　皆言设计之难，难在思维；皆谓思维之难，难在表现。优秀的思维需借助恰如其分的表现方可得以展现。在这充满节奏感的时代，即便处于科学技术迅猛发展、AI时代来临的当下，手绘表现技法依旧意义重大。手绘表现技法具备独特的艺术价值，它可传递作者的情感与创造力；它能够提升作者的观察力、创造力与审美能力，便于随时记录灵感。手绘与科技相辅相成，于设计过程中可迅速表达概念；手绘亦承载着艺术传承，为作品增添人文气息。手绘能直观地体现作者的风格，其所表达的人文情感和温度无可替代，即便在现代社会，手绘表现技法仍具有不可替代的文化价值与重要地位。为了给读者提供更丰富的学习体验，本书配备了相关的数字资源。读者可以通过扫描正文中的二维码获取这些资源。扫描方法如下：使用手机扫描软件，对准正文中的二维码进行扫描，根据提示即可获取相应的数字资源，助力您的学习之旅。

　　本书共分为九章：第一章介绍手绘表现综述，涵盖手绘表现实用领域、基础层面、内涵培养及基本工具等方面；第二章介绍手绘空间表现，主要从空间透视、线条表现、单体表现及空间表现等方面详细讲解线条绘画技法；第三章介绍马克笔手绘空间表现，主要从马克笔的特性、马克笔的使用、马克笔单体表现及马克笔空间表现等方面进行讲解；第四章介绍工艺工法手绘表现，主要从实际项目中的天花工艺、地面工艺、立面工艺三个领域展开详细讲解；第五章介绍平立面设计方案手绘表现，主要讲解彩色的平面、天花、立面等表现手法；第六章介绍手绘表现空间设计实战分析，案例皆取自校企合作具有代表性的项目；第七章介绍数字手绘表现技法，主要从数字手绘表现的实用领域与基础、数字手绘表现的方法、数字手绘表现的材料及工具以及数字手绘案例欣赏等方面展开，此部分讲解了当下较为流行的一些表现手法，可以视为前面手绘表现的升级版；第八章介绍AIGC手绘应用概述，主要讲解AIGC概述及线稿到效果图的进阶教程，此部分为手绘表现技法的升级版，亦是当下最为流行的一种手绘表现形式；第九章为历届优秀学生手绘效果图作品，以提升读者的审美素养。

　　本书理论讲解清晰，示范步骤直观，通俗易懂，深入浅出。手绘表现技法以实体项目为蓝本，其训练方法科学有效。故而，理论方面明确手绘效果图技法课程的相关知识，施以切合实际的教学方法，不仅对学生掌握手绘效果图技法具有促进作用，对其今后的设计创作亦具有十分重要的意义。

本书由长春光华学院周慧、长春光华学院徐景福、山东商务职业学院张信超担任编委会主任，哈尔滨信息工程学院王兆丽、长春光华学院陈虹钢、辽宁建筑职业技术学院张迪、上海建工五建集团有限公司陶蕊担任编委会副主任，吉林新印象建设科技有限公司王涵、阜阳师范大学张静担任编委委员。经诸位老师共同努力，方成就此别具一格之教材。

本书得以顺利完成，亦得益于学生杨大为、徐哲玮、徐嘉静、李明宇、章馨文、吴晗锦、曹婉群、孙超、姬钧龙（排名不分先后）的辛勤付出；同时，亦要感谢为本书提出意见与建议的每一位专家学者。

愿读者能读有所获，或使初学者喜爱上手绘表现，或令已有手绘功底者能有所得所思，亦或对书中作品予以批判。本书编者水平有限，若有疏漏不妥之处，还望不吝赐教。

周慧　徐景福
2024年5月

课时安排

全书共九章，建议总课时为72课时。

章	节		课时
第一章 手绘表现综述	第一节　手绘表现实用领域	1	4
	第二节　手绘表现基础层面	1	
	第三节　手绘表现内涵培养	1	
	第四节　手绘表现的基本工具	1	
第二章 手绘空间表现	第一节　空间透视	12	22
	第二节　线条表现	2	
	第三节　单体表现	4	
	第四节　空间表现	4	
第三章 马克笔手绘空间表现	第一节　马克笔的特性	1	14
	第二节　马克笔的使用	1	
	第三节　马克笔单体表现	4	
	第四节　马克笔空间表现	4	
	第五节　马克笔效果图写生训练	4	
第四章 工艺工法手绘表现	第一节　天花工艺手绘表现	2	6
	第二节　地面工艺手绘表现	2	
	第三节　立面工艺手绘表现	2	
第五章 平立面设计方案手绘表现	第一节　地面铺装手绘表现	2	6
	第二节　天花吊顶手绘表现	2	
	第三节　空间立面手绘表现	2	
第六章 手绘表现空间设计实战分析	第一节　满族文化艺术展示空间设计	2	4
	第二节　蛟河市新时代综合教育实践基地党建展厅实例	2	
第七章 数字手绘表现技法	第一节　数字手绘表现的实用领域和基础	1	8
	第二节　数字手绘表现的方法	1	
	第三节　数字手绘表现工具	2	
	第四节　数字手绘表现实例作品	4	
第八章 AIGC手绘应用概述	第一节　AIGC概述	2	6
	第二节　线稿到效果图进阶教程	2	
	第三节　总结与展望	2	
第九章 优秀学生手绘效果图作品		2	2

目 录

第
一
章

手绘表现综述

本章知识点

　　手绘表现的实用领域，设计理念，透视技巧，手绘表现的艺术性、准确性和创意思维等。

学习目标

　　了解手绘表现的实用领域，熟悉手绘表现的基础层面，重点掌握手绘表现内涵的培养；熟练掌握手绘表现中线条的运用，重点掌握各种物体的形态和质感表现，从而培养观察能力和表现能力，多看、多练、多尝试，不断提升手绘表现技能水平。

第一节

手绘表现实用领域

手绘表现是设计师在构思和表达创意时的一种重要工具，无论是在室内设计、建筑设计，还是在景观设计中，都可以通过手绘来展示设计师的独特视角和创意。其创作过程是一种形象化的思维过程，设计师通过思维产生形象，然后用手勾勒成图。在这个过程中，手、眼、脑和图成为一个有内在联系的整体。设计师除了用手绘制草图外，更需要眼、脑和手之间的配合。此时，各种信息反馈到设计师的大脑中，设计师经过更深层次的思考后，不断产生新的思维，然后再次通过手绘将思维表现出来。

在很多领域中，手绘表现都被视为一种实用的绘图手法。例如：

（1）在新产品、新造型的开发、设计中，用手绘表现草图来表达设计意图最为方便。

（2）在与客户或施工人员等沟通时，对于客户的需求或设计作品需要改进之处，设计师往往通过手绘表现来进行表达和交流。

（3）在现场调研或参观学习时，设计师可用手绘草图做记录。

（4）在灵感闪现时，设计师可用手绘草图的方式对其进行记录。

（5）在进行计算机绘图或造型设计时，设计师经常把设计草图作为基础。

手绘表现训练不仅可以帮助设计师锻炼设计中要求的造型能力，而且能培养设计师的分析能力和思维能力，锻炼其对事物的把握能力，并加强其专业能力。它还可以帮助设计师将抽象的设计构思转化为具体的图像，从而将设计意图直观地传达给他人。手绘表现不仅要求设计师具有绘画技巧和艺术素养，还需要设计师具备扎实的设计专业知识和丰富的设计经验。

通过手绘表现，设计师可以更快地捕捉到灵感和创意，并将其转化为具有表现力和感染力的图像。手绘表现还可以帮助设计师更好地理解客户的需求和期望，从而更好地满足客户的要求。除了传达设计构思外，手绘表现还可以作为一种交流、沟通工具，帮助设计师与客户、施工方等其他相关人员进行有效的沟通和交流。通过手绘表现，设计师可以清晰地表达自己的设计思想和意图，从而很好地协调和解决各种问题。

总之，手绘表现能够快速、准确地表达设计构思，并加强自己的专业能力，从而更好地完成设计任务。

第二节

手绘表现基础层面

　　首先，练习手绘表现要学会对线条的理解和应用。线条是一切手绘表现的基础。在一幅作品中，作者可以用线条的粗细、长短以及一些点、线等来表现不同的材质。如图1-1所示，可根据物体自身的特点选择用横线条、竖线条或斜线条等来进行表现。

图 1-1　手绘线条练习

　　其次，要训练单体表现，即从简单单体入手，由易到难，掌握各种物体的结构，为最后的快速表现打下良好的基础。事物都是有规律可循的。在训练的过程中，要仔细观察物体的结构规律。如图1-2所示，灯具的直立造型与折线造型各有特点，表现的时候要抓住它们的规律和特点。

图 1-2　灯具手绘表现

再次，要练习对室内场景的刻画，加强对空间透视等室内设计基础知识的理解。同时训练手眼协调能力，通过观察将室内的空间、结构、比例等关系准确地表达出来（图1-3和图 1-4），练习的时候要注意对空间透视和构图的理解与运用。

图 1-3　展厅空间手绘表现

图 1-4　卧室空间手绘表现

最后是色彩的运用。在构图相对比较完整的基础上，辅以马克笔、水彩笔、彩色铅笔等工具，营造一种高雅清冷的氛围、清新淡雅的情调或大气简约的环境（图1-5）。

图 1-5　大堂空间手绘表现

第三节

手绘表现内涵培养

手绘表现的重要性主要体现在三个方面：手绘表现是设计师的灵魂，是表达创意最直接、最有效的方式；手绘表现是设计师与其他人进行沟通、交流的工具；手绘表现能够帮助设计师记录稍纵即逝的灵感。

室内设计是一个走在时代前沿的专业，这就要求人们的设计思维能力也是不断发展、不断更新的。一些设计师反映，每当进行室内设计时，脑袋里空空如也，只能上网搜集一些自己喜欢、合适的图片来模仿，才有可能拼凑出一幅作品。这样就造成了设计没有新意、容易雷同的结果，不但对自己没有帮助，自己也渐渐养成依赖的习惯，而且对设计行业的发展非常不利。所有志在以学识报国的大学生和对设计非常热衷的人士等，都非常希望创作出体现自己风格的作品，这就要求设计者应努力提升自己的设计内涵。提升设计内涵可以从提升手绘表现内涵开始。

提升手绘表现内涵的方法主要有以下六种。

方法一：收集资料培养。平日里应注重收集大量的手绘图及手绘方案资料，经日积月累的熏陶，让自己的"脑袋"富有起来。例如，当看到自己喜欢的灯具、厨具、家具等造型时，就用前面教授的方法，发现它们的规律，随时用手绘表现技法将其记录下来。

方法二：基础技能培养。速写是手绘训练必不可少且行之有效的训练方法和途径之一。写生的范围和内容十分广泛，包括室内外各种物体的造型、结构、空间、材质、光影、环境等方面。在写生的过程中我们要勤观察、多分析，再提炼，使写生对象印在脑海里，然后试着用手绘草图将其表现在纸面上。只有经过大量速写和默写训练，才能出现质的变化，实现质的飞跃，最终培养出过硬的手上功夫和快速应变能力。

方法三：文化素养培养。手绘表现不仅是技术层面的表现，更是文化层面的体现。因此，提升手绘表现内涵时要注重文化素养的培养。这包括对历史、文化、社会等方面的了解和认识，对不同文化背景的尊重和理解，以及对文化元素的灵活运用和创新发展。我们要多阅读一些设计史类和设计理论方面的书籍，了解设计的渊源和动态，学习设计大师的创造能力。许多顶级大师设计的作品，现在来看也不过时，这就是设计的高境界，其中有许多可取之处，值得我们研究学习。

方法四：创意思维培养。手绘不仅是绘画技能的表现，更是设计师创意的体现。因此，在提升手绘表现内涵时要注重创意思维的培养。这包括对设计原理的理解和运用，对设计元素的敏感性和想象力，以及对设计趋势的洞察力和预见性。

方法五：审美能力培养。手绘表现需要设计师具有一定的审美能力。审美能力是指对美的感知、欣赏和创造的能力。在提升手绘表现内涵时要注重提高设计师的审美能力，包括对色彩、线条、空间的感知和运用能力，对设计作品的欣赏和分析能力，以及对美的创造能力。

方法六：实践经验积累。手绘表现需要实践经验的积累。只有通过实践和尝试，才能提升手绘的内涵和表现技能。因此，在提升手绘表现内涵时应注重实践经验的积累，包括参与实际项目的设计，参加设计比赛，与其他设计师进行交流和分享等。

总之，提升手绘表现内涵是一个综合性的渐进过程，需要从基础技能、文化素养、创意思维、审美能力和实践经验等多个方面进行培养和提高。

第四节

手绘表现的基本工具

手绘表现的基本材料和常见工具如下：

1. 纸

纸是手绘表现必不可少的材料之一。因其种类繁多，性能特点各异，在进行手绘表现时，应根据需要选择相应的纸张样式。

（1）复印纸

一般在非正规的手绘表现中，常用的纸是A4和A3大小的普通复印纸。这种纸的质地适合铅笔等大多数画具，其物美价廉，适合在练习阶段中使用（图1-6）。

（2）马克笔专用纸

马克笔专用纸是指专门根据马克笔的属性制作的绘图用纸。它的表面经过防水处理，纸质较厚，用马克笔绘画时，墨水不会渗透到纸的背面，且纸的正反两面均可上色，上色后纸张不易变形，颜色易保真，画面效果出色（图1-7）。

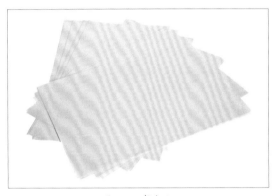

图 1-6　复印纸

图 1-7　马克笔专用纸

（3）绘图纸

绘图纸是一种质地较厚的绘图专用纸，也是设计工作中常用的纸张种类。绘图纸表面比较光滑平整，吸水性适中，多为钢笔淡彩以及马克笔的表现用纸。

（4）硫酸纸

硫酸纸是一种传统的绘图专用纸，用于画稿与方案的修改和调整。硫酸纸质地较厚且平整，不易损坏，但由于其表面过于光滑，对铅笔笔触表现力不够，因此最好选择合适的绘图笔配合使用（图1-8）。

2. 笔

笔是绘图时最重要的工具。下面介绍几种手绘表现中常用的笔。

（1）绘图铅笔

绘图铅笔是最常用的一种绘画工具，在手绘表现中常用的是2B型号的普通铅笔，其中"H"表示"硬性"铅笔，"B"表示"软性"铅笔，"HB"表示"中性"铅笔。用绘图铅笔绘制的线条厚重朴实，利用笔锋的变化可以实现粗细轻重等多种线条的变化，非常灵活，富有表现力，且易于被擦除（图1-9）。

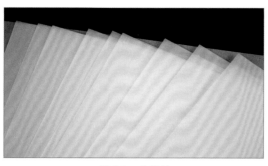

图 1-8　硫酸纸

图 1-9　绘图铅笔

（2）彩色铅笔

彩色铅笔是一种使用简便且效果突出的优秀画具，其用法与绘图铅笔相同，有水溶性和油性两种。水溶性铅笔的彩色铅芯可以用水溶解，产生更加柔和的色彩效果，而油性铅笔则更加持久耐用。此外，还有一些彩色铅笔是可以擦除的，可在使用后用橡皮擦掉，适宜在粗糙纸面上作图。彩色铅笔在绘图时较为方便、简单，易掌握，作图效果好，因此其运用范围广，是目前较为流行的快速表现用笔之一。在快速表现中，使用彩色铅笔，用简单、轻松、洒脱的线条即可说明产品设计中的用色氛围及材质。同时，彩色铅笔的色彩种类丰富，可表现出多种颜色和线条，能增强画面的层次感和产品的固有色（图1-10）。

图 1-10　彩色铅笔

（3）马克笔

马克笔是各类专业手绘中最为常用的画具之一，一般有水性、油性两种，适合在表面光滑的纸张上绘图。马克笔是专为绘制效果图研制的。在产品效果图中，马克笔效果图表现力最强，因此，在学习手绘表现技法时，必须掌握好马克笔的使用方法。马克笔的特点是线条流畅，色泽新鲜明快，使用方便，笔触明显，多次涂抹时颜色会进行叠加，因此用笔要果断，在弧面和圆角处要进行顺势变化（图1-11）。

图 1-11　马克笔

本章小结

　　本章首先阐述了手绘表现的实用领域，其次介绍了学习手绘表现的步骤，接着讲述了提升手绘表现内涵的方法，最后详细地说明了手绘表现用纸与用笔的种类及特点。

思考与练习

1. 手绘表现主要应用于哪些领域？
2. 怎样学习手绘表现？
3. 如何培养自己的手绘表现内涵？
4. 在使用马克笔绘制手绘效果图时，选择什么样的纸比较合适？

第二章 手绘空间表现

本章知识点

空间透视的分类，线条的运用，各种物体形态和质感的表现，陈设与环境的表现。

学习目标

理解并掌握空间透视的基本知识，重点掌握其中的一点透视与两点透视；熟练掌握手绘表现中线条的运用；重点掌握各种物体形态和质感表现及陈设与环境表现。

第一节

空 间 透 视

　　透视原理与技法是美术类专业和设计类专业的学生以及从事建筑设计的人士必须学习和掌握的一门专业基础知识和技法。它通过特定的角度和视觉效果来表现三维空间的深度和距离感。在手绘表现中要注意空间中的透视关系，透视正确与否直接关系到一幅作品的质量。怎样选择最佳的透视角度和透视类型以确定完美的构图形式？要解决这个问题，首先，设计者应具备较强的三维空间感，熟练掌握画法。其次，设计者要多加练习，掌握形体的设计构成并熟练运用相关表达方式。我们应正确理解和运用透视原理与技法，这点非常重要。因为它不仅是一种基本技能，也是创作出高质量作品的关键之一。

　　下面了解一下透视的基本术语。

　　（1）视平线：指与画者眼睛平行的水平线。

　　（2）心点：指画者眼睛正对着的视平线上的一点。

　　（3）视点：指画者眼睛的位置。

　　（4）视中线：指视点与心点相连形成的，与视平线成直角的线。

　　（5）消失点：指与视线不垂直的物体在透视中延伸到视平线心点两旁的点。

　　（6）天点：指近高远低的倾斜物体消失在视平线以上的点。

　　（7）地点：指近高远低的倾斜物体消失在视平线以下的点。

　　透视原理可以分为一点透视、两点透视和三点透视。在一点透视中，有一个透视点，被选择为最远点，画面的所有直线从这个点出发。在两点透视中，有两个透视点，通常是地面上的水平引线和天空中的水平引线。在三点透视中，除了水平的两个引线之外，还有一个垂直于地面的引线，用来描绘具有深度的物体。

1. 一点透视

　　一点透视指将立方体放置在一个水平面上，前方的面（正面）的四边分别与画纸四边平行时，上部朝纵深平行的直线与眼睛的高度一致，消失为一点，而正面则为正方形。这种透视有整齐、平展、稳定、庄严的感觉（图2-1）。

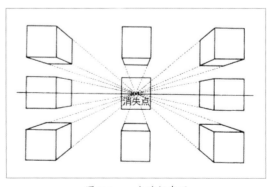

图 2-1　一点透视表现

一点透视的作画步骤（图2-2和图2-3）如下：

（1）先按室内的实际比例尺寸确定A、B、C、D四点。

（2）设定视高为H，作一条视平线HL，一般设为1.5～1.7 m。

（3）消失点VP及量点（M点）根据画面的构图任意确定。

（4）从M点引到AD的尺寸格的连线，在Aa线上的交点为进深点，作垂线。

（5）利用VP沿墙壁的尺寸点作射线，绘出墙壁上的尺寸格。

（6）利用Aa在墙角线处的尺寸点绘制水平线，作出地面的透视方格。

图2-4至图2-7为一点透视示例。

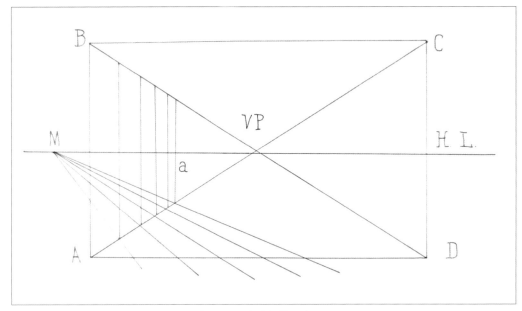

图2-2　一点透视作画步骤1

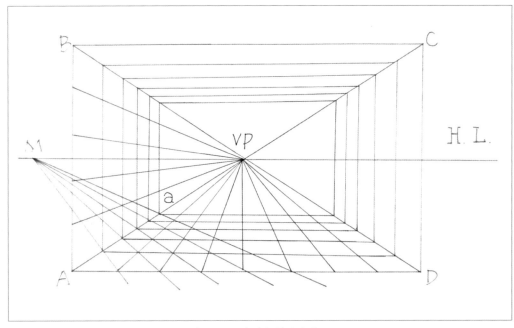

图2-3　一点透视作画步骤2

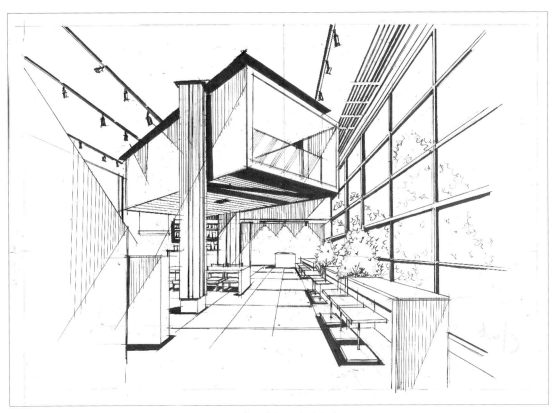

图 2-4　餐厅空间一点透视表现 1

图 2-5　餐厅空间一点透视表现 2

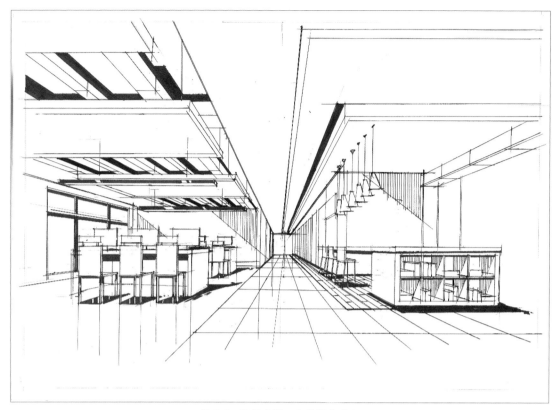

图 2-6　餐厅空间一点透视表现 3

图 2-7　餐厅空间一点透视表现 4

2. 两点透视

两点透视就是指把立方体绘制在画面上，立方体的四个面相对于画面倾斜成一定角度时，朝纵深平行的直线产生了两个消失点。在这种情况下，与上、下水平面相垂直的平行线也缩短了长度，但是不带有消失点。这种透视能使构图富有变化（图2-8和图2-9）。

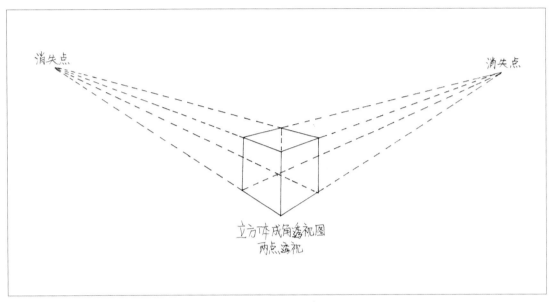

图 2-8　两点透视表现

图 2-9　两点透视运用于手绘

两点透视的作画步骤（图2-10和图2-11）如下：

（1）按照一定比例确定墙角线AB，兼作量高线。

（2）在AB间选定视高，作视平线H.L.，过B点作水平的辅助线G.L.作为地平线。

（3）在H.L.上确定消失点V_1、V_2，画出墙边线。

（4）以V_1、V_2为直径画半圆，在半圆上确定视点E。

（5）根据E点，分别以V_1、V_2为圆心作量点M_1、M_2。

（6）在G.L.上，根据AB的尺寸画出等分点。

（7）分别将M_1、M_2与等分点连接，作地面、墙柱等分点。

（8）分别将各等分点与V_1、V_2连接，绘制透视图。

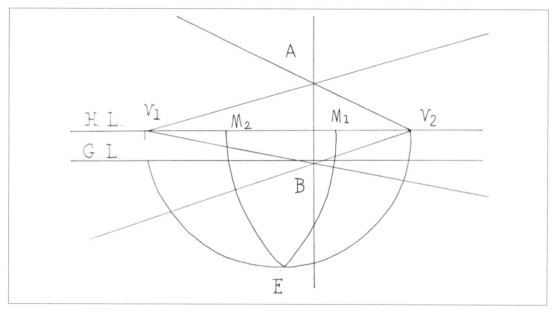

图 2-10　两点透视作画步骤 1

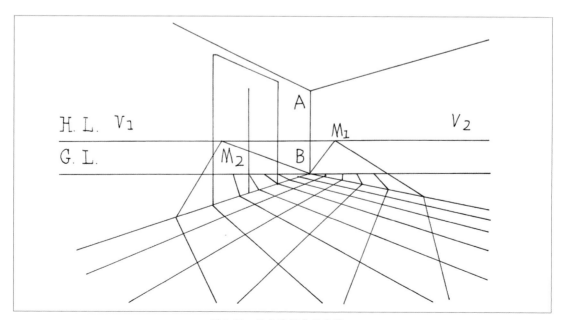

图 2-11　两点透视作画步骤 2

3. 三点透视

三点透视就是指立方体相对于画面，其面及棱线都不平行时，面的边线可以延伸为三个消失点，采用俯视或仰视等方法去看立方体时就会形成三点透视，如图2-12和图2-13所示。

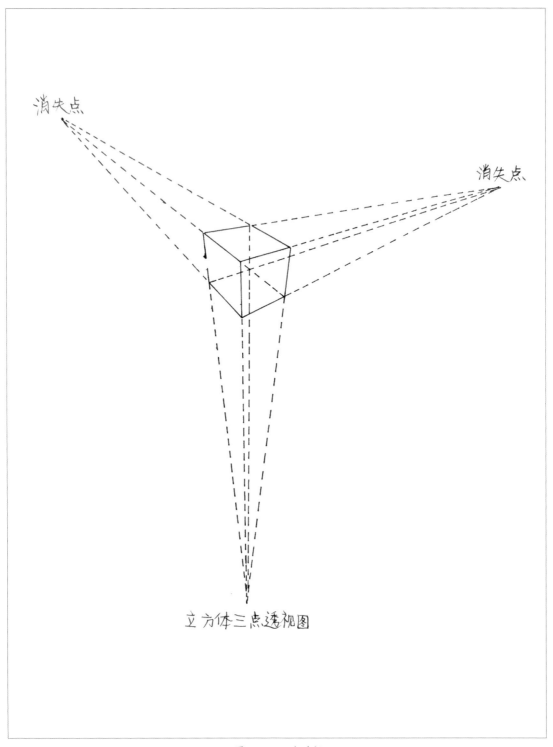

图 2-12　三点透视

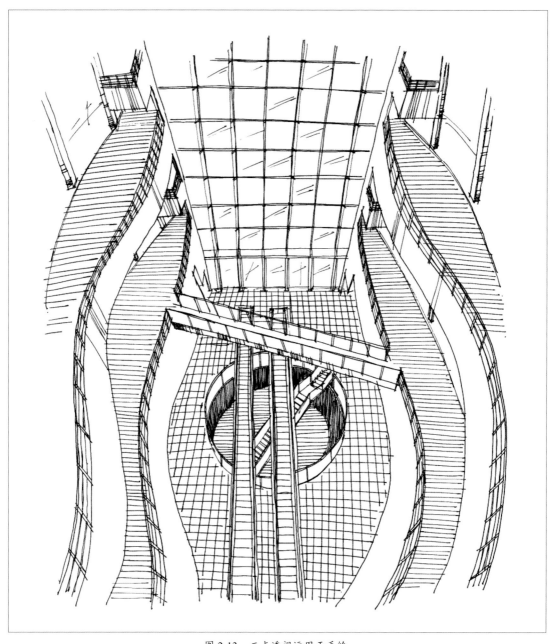

图 2-13　三点透视运用于手绘

第二节
线 条 表 现

线条是构成手绘效果图的基本要素之一。一幅优秀的手绘效果图应该满足线条干净利落、稳健连贯、衔接自然、详略得当等必要条件，因此要绘出一幅具有说服力的手绘效果图，必须练就对线条的掌控能力。只有把握好每一根线条，才能充分控制整个画面。下面先从单线条开始进行线条表现训练。

1. 单线条练习

在手绘中，线条包括直线、弧线、曲线等。直线包括横线、竖线和斜线等，它是构成基本空间的重要元素之一，同时也是手绘表现学习中至关重要的一步。在绘制直线时，应集中注意力，调整好呼吸，并保持手指和手腕放松，起笔要稳健，收笔要利落，无论线条长短，都要确保有头有尾，收笔处自然顿笔；若出现线条断线或产生略微偏差等情况，切勿反复描涂，只要于误差处断开另起线条即可。

在练习的过程中，首先要在自己所能把控的长度内，尽可能地将线条画直，然后随着熟练程度的提升，逐渐尝试将线条放长，以此来增进对直线的把握能力。

弧线和曲线包含规则形态和非规则形态，它们是丰富空间的一些重要元素，也是手绘表现学习中对线条把控能力提升的体现。弧线可以构成圆、椭圆以及扇形等，曲线可以勾勒出相对复杂的连续形态。在勾画线条时，应注意张弛有度，起笔稳、行笔快、收笔轻。

弧线和曲线不同于直线，在行笔当中需要参照起笔时的那一点，所以勾画起来有一定难度。因此，我们在练习时可以在起笔前拟定一个收笔点，借此来控制线条的方向，如在画圆时尽可能使收笔点与起笔点的位置一致。我们应通过反复练习加强对线条的控制能力，提高勾线速度，最终达到起笔前心中有数，收笔后准确无误，能够将线条轻松、自然地勾画出来的程度。

2. 线条排列练习

经过基础单线条的练习后，便可以进行线条排列练习了。在练习时，我们需要对成组的线条进行勾画。成行、成列的线条排列练习可以检验我们对线条的控制能力，线条与线条之间的对比可以使我们看到勾勒的线条哪一条出了问题。作为由线条练习走向真正空间手绘表现的过渡训练，线条排列练习可以让我们在绘制表现图时掌握一定的线条参照技巧，使表现图的透视和比例关系更为准确。

练习时可以将横线、竖线、斜线以成组排列的方式勾画出来。勾图时以所勾的第一条线为准，使线条依次排开，间距3～5 mm。每勾出一条线都尽可能地同基准线保持一致，并保持线与线之间的间距基本一致。或可将曲线快速勾出，形成抖擞线，并控制其形态，使之呈倒三角形，以此增进自己的控线能力和运笔速度。

3. 线条质感练习

经过之前的练习，手绘表现的线条训练即可进入最后阶段，即通过应用线条的长短变化、疏密变化、形态变化以及排列样式的变化，表现不同的材质。经过这一训练，我们可掌握一些丰富空间的技巧，在勾勒手绘表现图时，使作品在材质的表现上更具有说服力。练习时可先在纸上拟定填画范围，并圈画图框，图框样式以简单对称的形态为宜，图框大小要基本一致。图框画好后，下一步就是进行填画。在填画过程中要注意所画纹理的变化，针对不同的材质应使用不同的表现手法，其中线条的疏密关系和方向排列尤为重要。通过认真思考和不断练习，我们可进一步提高对线条的运用能力（图2-14）。

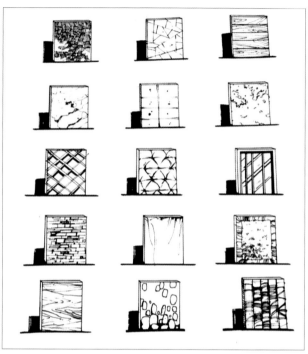

图 2-14　不同质感的体块表现

第三节

单 体 表 现

扫码看视频

经过前两节对线条的练习，本节进入单体手绘表现的练习阶段，此阶段是对线条进行实际运用的开始。这里列举了一些不同的家居陈设表现供参考，大家可以借此进行临摹练习。

在对单个物体进行临摹练习时，应注意抓住物体的主要特征，尽可能保持线条的连贯性，最好看一眼就能记住所要勾画的物体形态，并一气呵成地勾出物体的基本形态，避免出现看一眼画一笔的情况；同时切忌对画面进行反复描涂，应保持线条干净利落。表现所画物体的质感及投影时，要注意详略得当。如果为了刻意表现物体细节而将线条画得"面面俱到"，反而会使所画物体显得沉闷死板，最终弄巧成拙。需要注意的是：扫线时下笔要轻、行笔要快、收笔要稳。通过对单体的反复临摹练习，学生可培养自己的基础造型能力，能够熟练地运用线条去勾画室内设计涉及的一些必要构成元素。图2-15和图2-16分别为抱枕和洗手池的手绘表现。

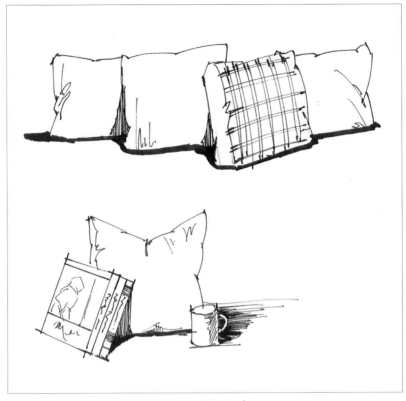

图 2-15　抱枕手绘表现

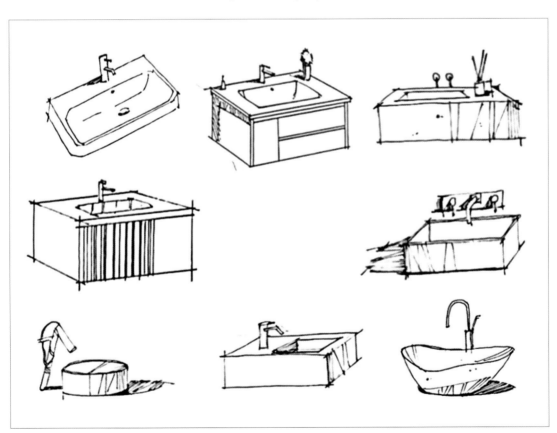

图 2-16　洗手池手绘表现

在绘制这一类物体之前，我们可以先把物体归纳成几何形态，通过这种形态来了解物体的特点，然后在此基础上进行细节绘制，这样才能准确地把握物体造型。图2-17、图2-18和图2-19分别为电视机、钢琴和沙发的手绘表现。

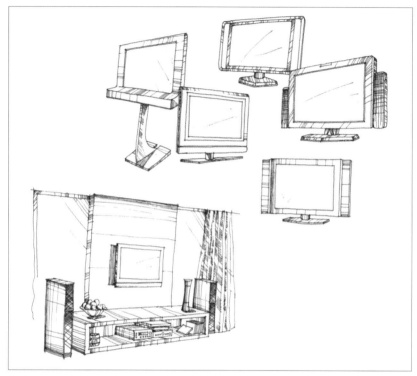

图 2-17　电视机手绘表现

图 2-18　钢琴手绘表现

图 2-19 沙发手绘表现

前面介绍了一些单体家具的画法，通过画单体，学生熟悉了不同的家具样式、比例和结构等，也基本掌握了单体表现的一些方法。有了一定的基础后，就可以进行家具组合的手绘训练了。这里所说的"组合"即将多个单体放在特定的空间里，让它们有一定的场景感，也让多个单体之间有空间的联系，以及透视关系和尺度之间的比较。有了这样的训练后，就可以比较顺利地过渡到室内空间表现的训练了。

家具组合的透视为多点透视，画的时候需注意，所有的消失点都应定位在同一视平线上（图2-20和图2-21）。

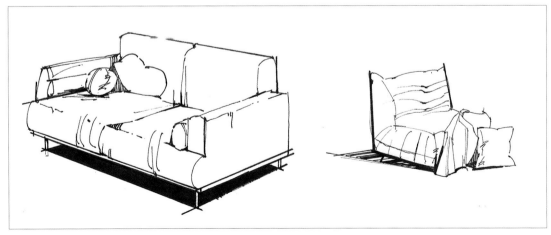

图 2-20 沙发手绘表现 1

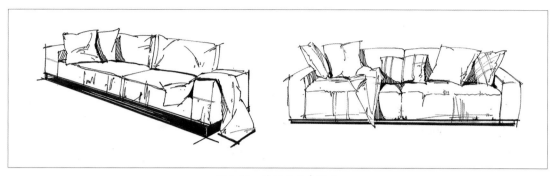

图 2-21　沙发手绘表现 2

　　有时候为了体现丰富的效果，可以在沙发的靠垫上点缀一些花纹。阴影的排列方向要尽量统一，这样最终的效果才会更具整体性（图2-22至图2-27）。

图 2-22　沙发与茶几手绘表现 1

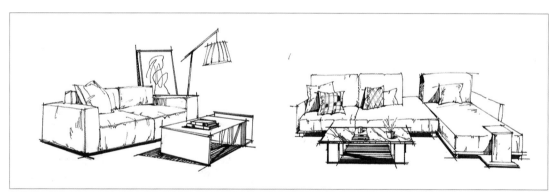

图 2-23　沙发与茶几手绘表现 2

图 2-24　沙发与茶几手绘表现 3

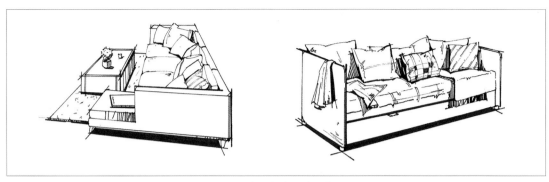

图 2-25 沙发与茶几手绘表现 4

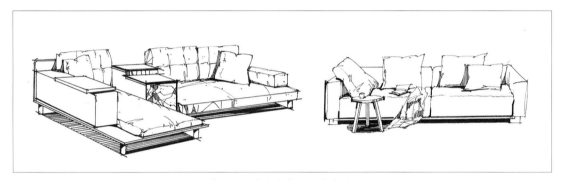

图 2-26 沙发与茶几手绘表现 5

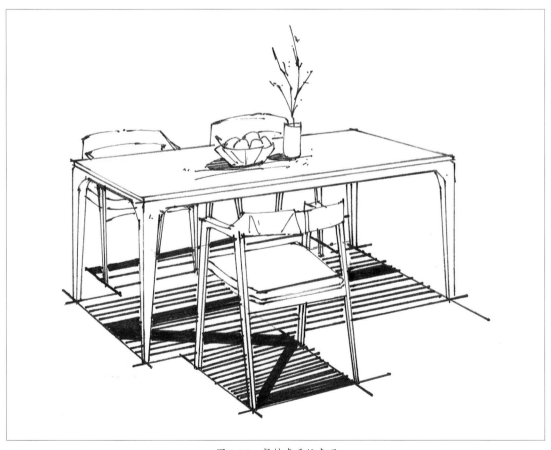

图 2-27 餐椅桌手绘表现

例如，画床时要呈现床单的布褶效果，以及其他部位的细节和阴影。布褶的线条要轻，要注意柔和度（图2-28和图2-29）。

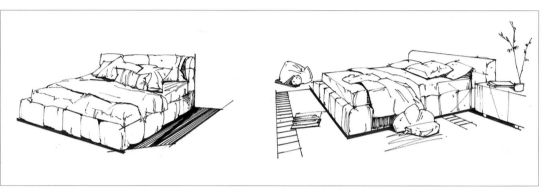

图 2-28　床体手绘表现 1

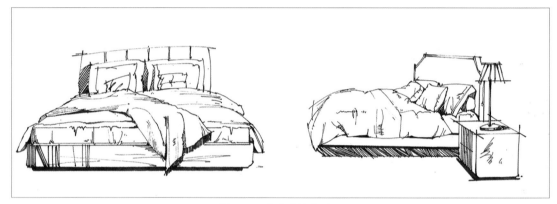

图 2-29　床体手绘表现 2

第四节

空　间　表　现

扫码看视频

　　经过之前的练习，学生已熟练地掌握了线条的基本运用，并培养了自己的基础造型能力，训练随之进入空间表现阶段。手绘空间表现将充分综合运用前面所学习的全部内容，这是对学生前期学习成果的最终检验。

　　在日常生活中，我们会有意无意地接触一些公共或私密空间，这些空间会给我们不一样的心理感受，我们往往会冒出一些想法，比如这个空间很华丽，那个空间很温馨，或者这个空间的某个装饰物是亮点，那个空间的整体风格很独特等。这些感觉其实在一定程度上反映了空间设计者的构思，不同的构思创造了不同的空间。学习手绘空间表现的目的便是掌握用构思方案独立完成创作表达的能力。当然这需要不断地积累和练习，需要逐渐地从摸索走向实践。本书列举了一些手绘表现形式的设计案例，供参考学习。

　　在对手绘空间方案图进行临摹时，应注意把握大局，找好透视关系，并使画面有主有次，有重有轻。我们所临摹的表现图可能简洁明快，也可能复杂多变，临摹时可以将临摹对象分为几个组成部分，根据整体透视关系找好它们的位置，不要逐个单独地临摹空间中的陈设，要时刻协同临摹。临摹的正确步骤是先根据基本透视方向绘出墙线，确定墙体和棚的位置，定位基本的结构框架，然后根据家具或陈设物体的远近、大小等透视关系确定其主次关系，并由主到次在相应位置勾画出家具或陈设物体的基本形态，最后对空间内物体的表面纹理进行简单描绘，同时给相应物体画出投影。在临摹过程中，应尽量保持线条连贯。勾线时如果出现拉断或方向偏离目标点等失误，切勿在失误处反复描涂，而应从起始点另起一条线，重新画到目标点即可。需要强调的是，在临摹时不应进行机械性的模仿，而应该去理解并记忆所临摹过的空间结构及创意风格。通过一段时间的训练后，可达到学以致用、举一反三的效果（图2-30至图2-36）。

图 2-30　餐厅空间手绘表现 1

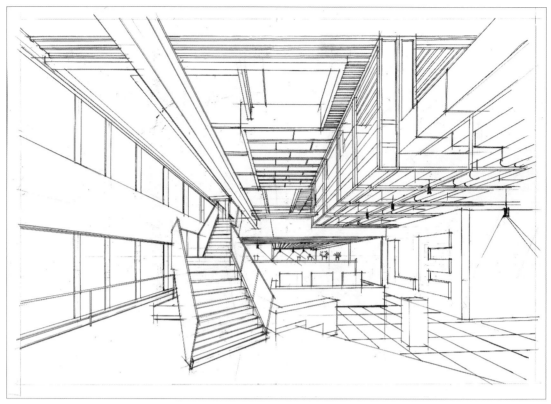

图 2-31　餐厅空间手绘表现 2

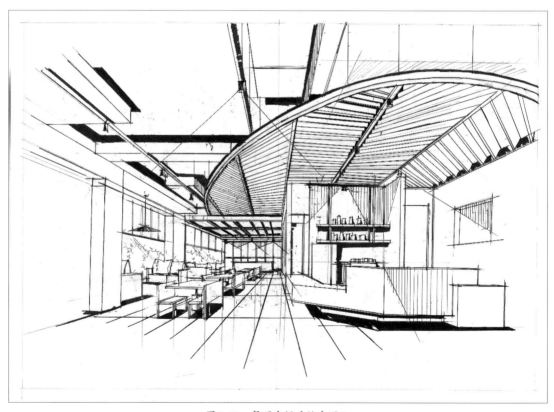

图 2-32　餐厅空间手绘表现 3

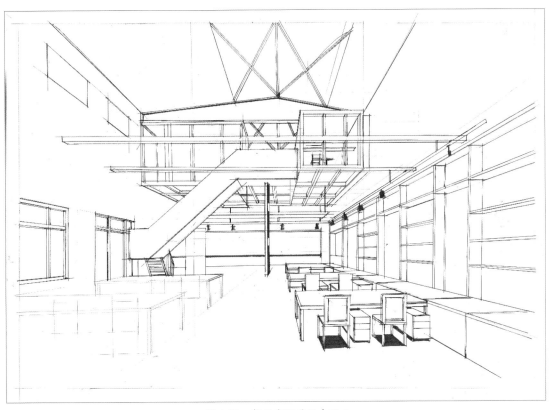

图 2-33　餐厅空间手绘表现 4

图 2-34　餐厅空间手绘表现 5

图 2-35　餐厅空间手绘表现 6

图 2-36　餐厅空间手绘表现 7

本章小结

　　本章介绍的是手绘表现中的空间表现。首先详细解释了透视的基本术语，接着阐述了空间透视的基础知识，即一点透视、两点透视和三点透视，之后阐述了线条的运用，并介绍了如何抓住空间的透视。通过对透视原理的学习，学生可在对透视形成初步认识的基础上进一步理解透视原理和透视规律，以培养学生的空间感受能力，为手绘效果图的正确绘制打下坚实基础。

思考与练习

1. 如何用线条表现物体的质感？
2. 常用的透视种类有哪些？它们各有什么特点？

第三章 马克笔手绘空间表现

马克笔的特性与使用方法，运用马克笔表现物体质感的方法，使用马克笔营造环境空间的方法，马克笔手绘表现基础等。

学习目标

了解马克笔手绘表现的特性和工具的使用方法，掌握用马克笔表现物体质感和不同环境空间的方法。通过对基本概念的学习，认识手绘效果图表现的意义，了解学习方法，熟悉表现技法的工具与材料的运用。

第一节

马克笔的特性

马克笔作为手绘表现的一种重要着色工具，从诞生以来就被大多数设计师认可并采用。目前，马克笔已经逐渐成为手绘表现当中的主流工具之一，其优点在于色彩丰富、表现力强、易于上手且携带方便。当然马克笔也存在一定的缺陷，比如在对物体表面质感的刻画方面不是很理想，因此往往用于表现物体的基本固有色以及大环境的明暗关系。使用马克笔时要积极配合前期练习的线条，通过合理的搭配和调整，弥补其不足。

马克笔一般分为水性马克笔和油性马克笔两种。水性马克笔色彩清新淡雅，其效果近似于水彩表现，但相对于油性马克笔，其色彩较单一，且下笔后如果在短时间内对原笔触进行再次覆盖，很容易破坏纸面。油性马克笔色彩比较重，颜色也很丰富，使用时不会对纸面造成伤害，且颜色风干速度快，在需要色彩叠加时，可直接进行覆盖。这里我们建议学生使用油性马克笔进行手绘表现。

第二节

马克笔的使用

扫码看视频

马克笔一般包括宽头和细头，分别位于两端。用马克笔进行着色时应采用宽头，因为宽头笔触清晰硬朗，在使用时只要变换角度即可实现细头的效果，所以在练习时可以忽略细头。下面我们针对刚刚接触马克笔的初学者进行基础练习。在进行以下训练时，学生无须使用尺规，仅需马克笔即可。

1. 笔触排列练习

在练习时，学生可先在纸上拟定填涂范围并勾出方框，然后在方框中使用马克笔进行填涂。注意：下笔应稳健有力，保证线条完整饱满；运笔时速度不宜过慢，因为运笔速度决定控笔时间的长短，而且快速、肯定地拉出干净利落的一笔也是防止手抖、避免误差的好办法；收笔时要控制好节奏，结尾处自然停顿，尽量不要使笔触超出方框；在填涂方框的过程中，应保持笔触宽度基本一致，笔触排列整齐有序，无须叠加（图3-1和图3-2）。

图 3-1　排列练习 1　　　　　　　　　　　　　图 3-2　排列练习 2

2. 笔触变化练习

　　在练习时，学生可先在纸上拟定填涂范围，并勾出方框进行填涂。填涂时，笔触的排列顺序可自下而上或由上到下，也可设置任意起始边进行排列，笔触应由宽到窄进行渐变，形成自然过渡。通过练习可以对马克笔宽头的方向变换及运用技巧有进一步的了解和掌握（图3-3和图3-4）。

图 3-3　横向线条练习　　　　　　　　　　　　图 3-4　纵向线条练习

3. 笔触叠加练习

在练习时，学生可先在纸上拟定填涂范围，并勾出方框进行填涂。填涂时，笔触排列以一个方向为主，并在其他方向排列几笔不同的笔触，使方框内的填涂显得有些变化，而叠加处的色彩也会相应加深，同未经叠加的笔触形成对比，显得更加生动（图3-5和图3-6）。

图 3-5　叠加练习 1

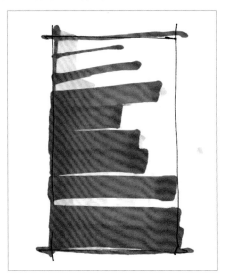

图 3-6　叠加练习 2

第三节

马克笔单体表现

扫码看视频

经过对马克笔的认识以及对其基本使用方法的掌握，我们的课程也进入单体表现练习阶段，真正意义上的马克笔应用也从这里开始了。所谓单体，就是指家居空间中的必要陈设，以及用来丰富、美化空间的装饰物。在第二章中，我们练习了单体手绘表现，现在可以针对这些单体，赋予其颜色。本节列举了一些马克笔单体表现图例，供学生临摹。在临摹时，要注意笔触不宜过于烦琐，应抓住物体本身的固有色及质感，起到让观者从表现图联想到现实物体的作用。与此同时，抓住明暗变化能够充分加强物体的分量感，这一点也是初学者应该注意的。

当然，对于马克笔单体表现的学习，仅仅依靠大量的临摹是不够的，学生应从生活当中寻找色彩。在学习的过程中，应多留意周围的陈设，或直接走进家具市场，通过观察记录，发现更加新鲜的颜色，了解更加独特的质感，并运用马克笔将其表现出来。

另外还需注意，工艺品与字画属于马克笔表现的软配部分，表现时应该潇洒大气，多采用概括与提炼的方法，不宜进行过于细致的描绘（图3-7）。

图 3-7　客厅陈设饰品马克笔表现

图3-8至图3-11分别为灯具、植物和电器的马克笔表现。进行茶几的马克笔表现时，首先，用线条勾画出基本的形体，注意台面陈设的摆放层次与构图；其次，用马克笔整体地铺设一层色调，上色要轻快，色调不宜太重，然后加重暗面的色调，区分明暗关系；最后，完成台面陈设的刻画，注意色彩与台面边界色调之间的协调性（图3-12）。

图 3-8　灯具马克笔表现1

图 3-9　灯具马克笔表现 2

图 3-10　植物马克笔表现

图 3-11　电器马克笔表现

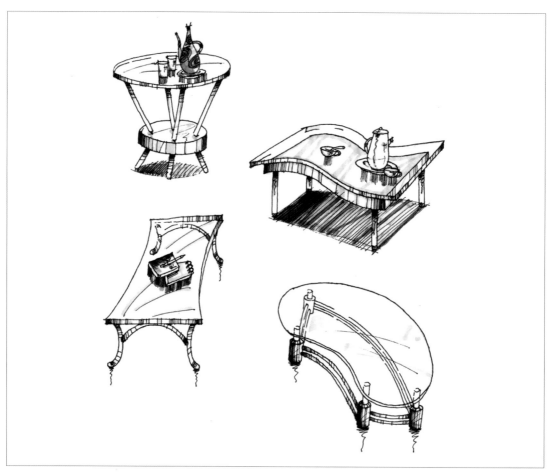

图 3-12　茶几马克笔表现

在进行沙发与茶几组合的马克笔表现时，首先，用线条勾画出沙发的基本轮廓，适当注意抱枕纹样的刻画；然后，设定明暗关系，在亮面运用扫笔的方式轻快地拖动笔触，使亮面产生浅色调，最好一次完成；最后，完善对投影与整体的刻画（图3-13至图3-20）。

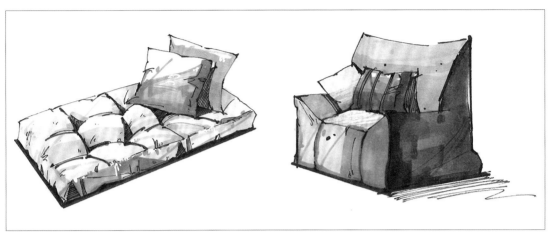

图 3-13　沙发配件马克笔表现 1

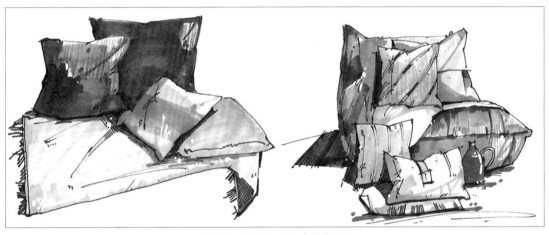

图 3-14　沙发配件马克笔表现 2

图 3-15　沙发马克笔表现 1

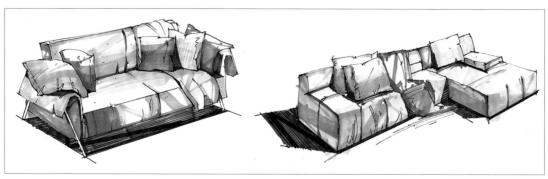

图 3-16   沙发马克笔表现 2

图 3-17   沙发与茶几组合马克笔表现 1

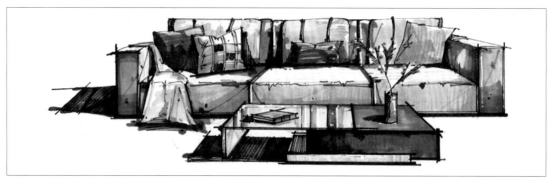

图 3-18   沙发与茶几组合马克笔表现 2

图 3-19   沙发与饰品马克笔表现

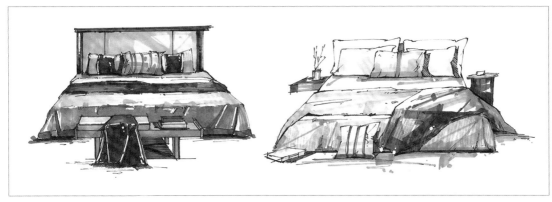

图 3-20　床的马克笔表现

第四节

马克笔空间表现

扫码看视频

　　经过前面的学习，本节进入马克笔表现技法的最终学习环节。马克笔空间表现融合了我们之前学习的全部内容，是学生走向独立设计之路至关重要的一步。掌握了马克笔空间表现技法，就掌握了设计方案的表达方法，所以希望每一位学生都走好这一步。

　　空间表现不仅仅是将单体拼凑摆放在一起，而是一种整体观念的展现。在用马克笔上色时，应将画面颜色划分为几个色系，同一色系可集中完成。先明确物体的固有色，并进行适当填涂，然后再加强暗部，绘出投影。在表现物体的色彩时也要考虑空间的整体主色调，把握好主次关系，着重突出空间中主要物体的颜色，削弱次要物体的颜色。笔触方面应简洁明了，因为过多的笔触覆盖会使画面显得沉闷呆板，所以详略得当的笔触才是画面所需要的。要想画出一幅成功的马克笔空间表现图，就要在笔触以及用色上有所取舍，否则空间就会显得凌乱而缺少统一性。

　　在绘制马克笔空间表现图时，应尽量一气呵成，中途不要有长时间的中断，一幅A3马克笔空间表现图的完成时间最好控制在3 h以内，集中注意力会让你取得更快的进步。

　　图3-21所示的是冷色调空间马克笔表现，其简洁、单一的色调清晰地刻画出空间的黑白灰关系，将婚纱店塑造得别有一番格调。图3-22所示的客厅空间马克笔表现，客厅的整体采用冷暖色调表现，材质明暗关系明确。

图 3-21　冷色调空间马克笔表现

图 3-22　客厅空间马克笔表现 1

图3-23中，鲜艳的颜色使客厅空间显得更加明亮，该表现图色彩运用大胆，笔触井然有序。图3-24表现的是客厅一角，主体为暖色调，笔触排列详略得当。

图 3-23　客厅空间马克笔表现 2

图 3-24　暖色调的客厅空间马克笔表现

图 3-25　卧室空间马克笔表现

图3-25表现的是卧室空间。卧室中摆放着不同的陈设和形态各异的小饰品，绘制卧室表现图时要注意不同物体、不同材质的变化，丰富表现手法，为后面的学习打下基础。

图3-26中，用色简单但对比鲜明，几处反差较大的色彩运用，为衣帽间增添了几分韵味。

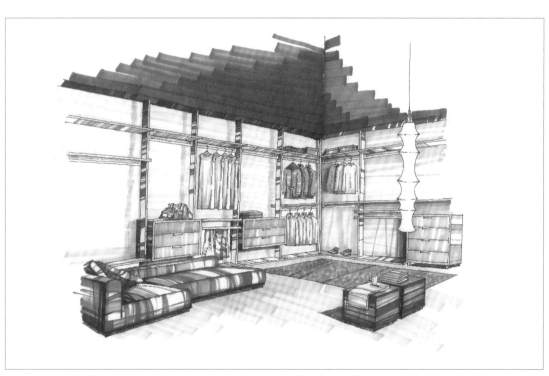

图 3-26　衣帽间马克笔表现

图3-27中，生动活泼的笔触和鲜艳的色彩将客厅一角装点得别具一格。

如图3-28所示，对于大厅等面积较大的场景，在用马克笔表现时要注意取舍，笔触要详略得当，错落有致。

图 3-27 客厅空间一角马克笔表现

图 3-28 大厅空间马克笔表现

图3-29中，鲜亮的色调和细致的笔触，塑造了一个干净利落、富有浓郁韵味的餐厅。

图 3-29　冷色调的餐厅空间马克笔表现

图3-30所示的暖色调餐厅空间马克笔表现，笔触取舍分明，用色详略得当，细致的笔触和较丰富的颜色突出了画面中的餐桌部分，空间中的其余部分只被给予了固有色。

图 3-30　暖色调的餐厅空间马克笔表现

图3-31用说明性的色彩，以图示语言的形式将图书吧表现出来。将手绘运用于快速设计表现时，设计者往往会减去一些色彩，着重表现主体颜色。

图3-32至图3-37均为餐厅空间马克笔表现。

图 3-31　图书吧空间马克笔表现

图 3-32　餐厅空间马克笔表现1

48

图 3-33　餐厅空间马克笔表现 2

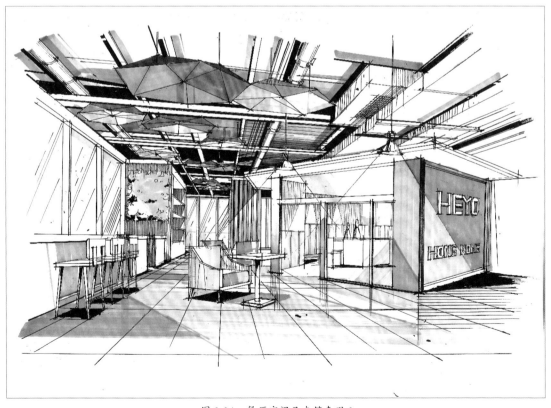

图 3-34　餐厅空间马克笔表现 3

图 3-35　餐厅空间马克笔表现 4

图 3-36　餐厅空间马克笔表现 5

图 3-37　餐厅空间马克笔表现 6

　　上面介绍了马克笔绘制空间的临摹，接下来我们将绘制一些线稿，首先根据线稿临摹，然后用马克笔上颜色，最后与已经上完色彩的线稿做对比，这样会更加熟悉马克笔与空间透视、材质、照明等元素结合的时候，如何运用马克笔上色的技法。图3-38至图3-51为台球休闲室空间、梯井空间、餐饮空间、大厅空间、卧室空间和挑空客厅空间的马克笔表现。

图 3-38　台球休闲室空间线稿手绘

图 3-39　台球休闲室空间色彩手绘表现

　　用马克笔为塑造好的空间上颜色时要注意详略得当，对于亮部以及大面积白色固有色物体可大胆留白，与重颜色形成鲜明对比。

图 3-40　梯井空间线稿手绘表现

用简单的色调，干脆利落地塑造出空间的明暗对比。

图 3-41　梯井空间色彩手绘表现

图 3-42　餐饮空间线稿手绘表现

图 3-43　餐饮空间色彩手绘表现

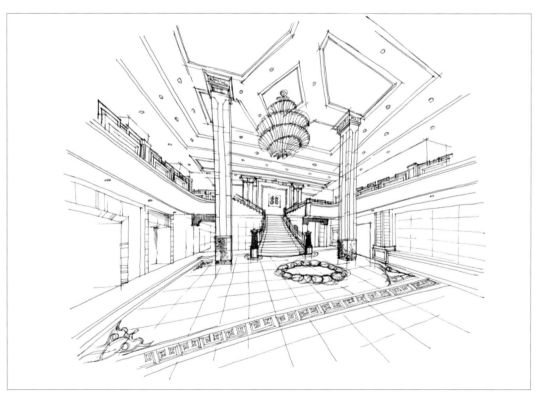

图 3-44　大厅空间线稿手绘表现

在描绘大场景空间时，要注意对线条的控制，下笔要肯定、连贯，色彩上注意同一色系之间的变化，通过不同的笔触排列方式加强变化。

图 3-45　大厅空间色彩手绘表现

图 3-46　卧室空间线稿手绘表现

通过对不同陈设的描绘，体会不同质感的表现方法。

图 3-47 卧室空间色彩手绘表现

图 3-48 挑空客厅空间线稿手绘表现 1

56

塑造大尺度空间要注意基本透视关系，色调要统一，尽量不要使用过于跳跃的色彩。

图 3-49　挑空客厅空间色彩手绘表现 1

图 3-50　挑空客厅空间线稿手绘表现 2

图 3-51　挑空客厅空间色彩手绘表现 2

精致的空间中，不同陈设的材质种类丰富，描绘时要注意对不同材质的表现方式，体会其中的差异，丰富表现手段。

第五节

马克笔效果图写生训练

扫码看视频

作为马克笔徒手表现的加强训练，我们在本书中安排了效果图写生课程，以及利用软件制作的空间的直接写生课程。这样不仅可以进一步增强学生的空间感，使学生对空间透视关系进行深入摸索，更好地练习马克笔空间表现技巧，还能够让学生在运用马克笔时练就的色彩感觉同现实当中的实际色彩联系起来，包括灯光以及投影的处理方法等，都会在这次训练中得到进一步的提升。

在这样的训练中，学生已经接近了真正意义上的空间设计，因为在写生的过程中，几乎就是在还原这个空间的构思过程，也可以说是在对一个已经被成功创造出来的空间进行拆分重组。同时在写生的过程中，我们也不妨发挥一下自己的主观创意，因为学到这里，你已经不是一个初学者，所以你完全可以相信自己能够给这个空间添点儿料。你可以试着按照自己的色彩感觉，使照片中的颜色在自己的笔下来点儿变化；也可以试着通过自己在之前训练中在头脑中所积累的资源，使效果图中的物体在自己的笔下"旧貌换新颜"。当然，你的别出心裁有可能很成功，也可能很糟糕。但无论如何，这都是一个自我完善的过程，只要肯用心钻研，就会一天比一天进步。

在本节的训练中，要求学生相互之间应进行互动，即可将写生完成的作品及原参照效果图相互交换，并给出自己宝贵的意见。当训练进行到这个阶段的时候，积极地交换意见，远远比一味地埋头苦练更有意义。

图3-52至图3-66为会议室空间、客厅空间、电梯间、营业大厅空间和过道空间的马克笔表现。

图 3-52　会议室空间效果图

图 3-53　会议室空间提取手绘线稿

图 3-54　会议室空间马克笔手绘表现

图 3-55　客厅空间效果图

图 3-56　客厅空间提取手绘线稿

图 3-57　客厅空间马克笔手绘表现

图 3-58　电梯间效果图

图 3-59　电梯间提取手绘线稿

图 3-60　电梯间马克笔手绘表现

图 3-61　营业大厅空间效果图

图 3-62　营业大厅空间提取手绘线稿

图 3-63　营业大厅空间马克笔手绘表现

图 3-64　过道空间效果图

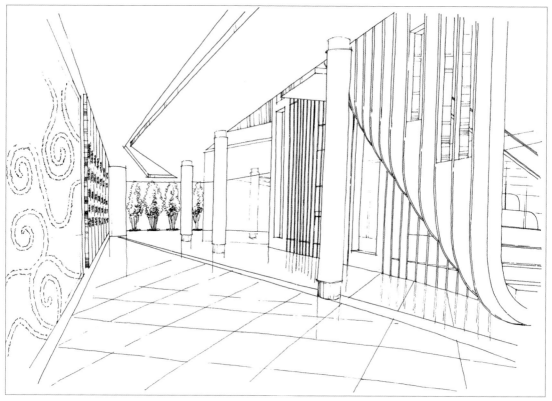

图 3-65　过道空间提取手绘线稿

图 3-66　过道空间马克笔手绘表现

本章小结

　　本章介绍了马克笔手绘空间表现的技法。首先对徒手技法进行了全面解析，并配以作品示例，形象、直观地反映了马克笔工具的表现特点；其次讲述了如何运用马克笔绘制不同物体的质感以及空间的表现；最后，在开发形象思维、提高审美意识、加强手绘表达能力等方面为学生提供参考。

思考与练习

1. 思考：如何用马克笔表现不同物体的质感？
2. 训练环节：寻找自己喜欢的效果图或者照片实景进行马克笔表现。

第四章 工艺工法手绘表现

本章知识点

　　天花板吊顶的主要类型及工艺原理，地面常规工艺主要类型及工艺原理，立面中造型工艺主要类型及工艺原理。

学习目标

　　通过施工工艺的手绘学习，掌握常规的施工工艺技能，培养扎实的绘画基础、良好的艺术素养、敏锐的观察力和基本专业实践素质，并能够运用手绘的形式表现出来。

第一节

天花工艺手绘表现

天花吊顶是指房屋居住环境的顶部装修。它是对房屋顶部进行装修的一种方式，简单地说，就是对房屋天花板的装修。天花吊顶是室内装饰的重要组成部分之一，一般有平板吊顶、异形吊顶、局部吊顶、格栅式吊顶、玻璃吊顶、杉木扣板吊顶、布艺吊顶、电子吊顶和石膏板吊顶等类型。本章以家装石膏板吊顶为例，详细讲解手绘形式的石膏板吊顶的施工工艺。

石膏板吊顶是一种以建筑石膏为主要原料制成的轻质板材，其优缺点如下。

优点方面，石膏板吊顶的防火性能优良，因为其龙骨分为轻钢材质的轻钢龙骨和刷上阻燃物质的木龙骨；其价格便宜，主要材料是轻钢龙骨、木龙骨和石膏板，固定成本和安装成本都较低；审美方面，石膏板通过采用印花、浮雕等精细加工技术，使其表面装饰工艺展现出丰富多样的图案与纹理，充分满足了现代家居装修对美的追求。

缺点方面，石膏板吊顶存在一些问题。例如中式厨房油烟较大，容易导致白色的石膏板变黄；随着时间的推移，石膏容易脱落；石膏具有吸水性，每到梅雨季节，石膏板容易潮湿，其防潮能力较差，且修复成本较高。此外，石膏板吊顶需固定在牢固的木质龙骨框架上，这是考验龙骨材料握钉力的时候，所以应尽量选择握钉力较好的松木材质。

以上简单介绍了石膏板吊顶的基本情况。下面将针对一个小户型的家装石膏板吊顶进行手绘部分的详细讲解。先看一下小公寓效果图表现（图4-1）。

图 4-1 小公寓效果图表现

下面看一下小公寓天花施工图部分（图4-2）。

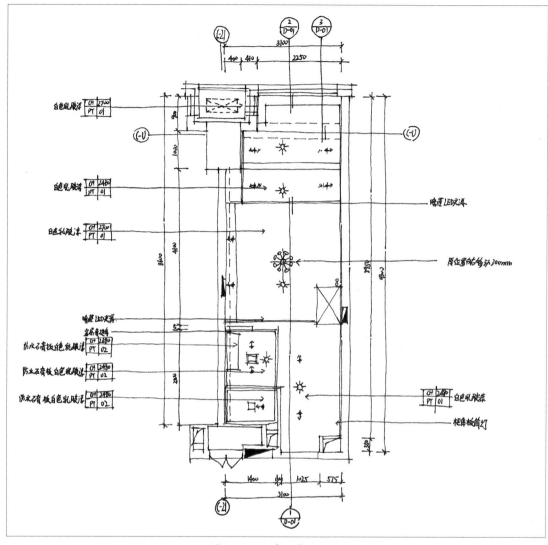

图 4-2　小公寓天花手绘图

从天花手绘部分能够看出这个空间是石膏板吊顶。石膏板吊顶内部一般用轻钢龙骨做基础，具体的大样节点如图4-3所示。

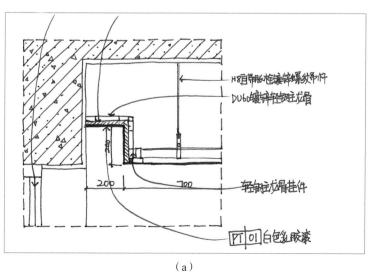

（a）

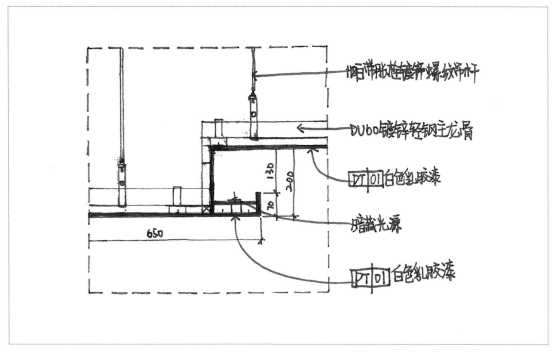

（b）

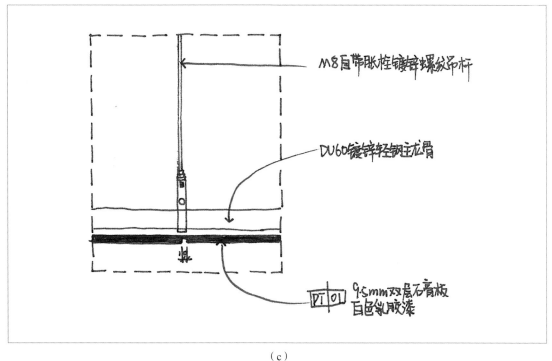

（c）

图 4-3　小公寓天花大样节点图

　　以上为一个小公寓的石膏板天花吊顶案例，通过展示其天花手绘图和天花大样图，不难看出手绘天花施工工艺能够快速地表达相关设计思想。通过手绘，设计师可以直观地看出天花布局、灯具位置、风口位置等是否合理，同时也能够检查天花吊顶内部的施工工艺并及时进行调整，因此掌握手绘技能是非常重要的。

地面工艺手绘表现

　　地面工艺是装修工程中非常重要的一部分，其中石材铺装、地砖铺装和地板铺装是常见的地面工艺。在施工中涉及地面的平整度、防水、防滑、耐久性等多个方面，直接影响到居住者的使用体验和家居整体美观度。在进行地面装修前需要进行地面处理，包括清理地面上的灰尘、油污、杂物等，确保地面干净整洁。同时，应根据不同的地面材质和装修需求，采用不同的处理方式。例如，木质地板需要进行打磨、刮腻子、涂漆等处理；地砖需要进行切割、粘贴等处理。

　　地面工艺还包括对地面的保护，比如在地面上铺设防尘布、纸板等，以防止装修过程中对地面造成污染和损坏。装修结束后，需要进行地面清洁和养护，确保地面保持干净整洁、光滑耐用。

　　地面工艺手绘表现主要是在图纸上用绘画形式表现地面的材质、纹理、色彩等元素。

　　以上简单介绍了一下地面铺装施工工艺的理论部分。下面将针对一个小户型的家装地面铺装进行手绘部分的详细讲解。先看一下小公寓卫生间效果表现（图4-4）。

图 4-4　小公寓卫生间效果表现

　　然后详细看一下小公寓卫生间平面施工图部分（图4-5）。

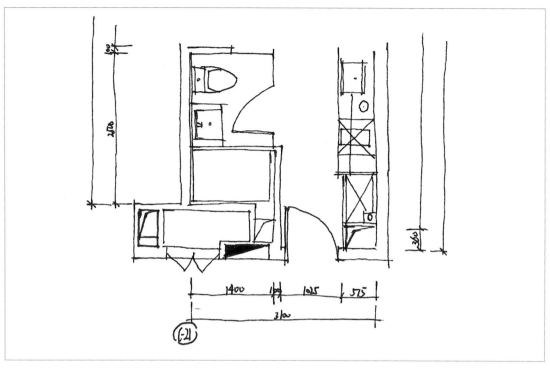

图 4-5　小公寓卫生间平面手绘部分

　　从小公寓卫生间平面手绘部分能够看出该空间的分布。下面看看对应的立面图手绘部分（图4-6、图4-7）。

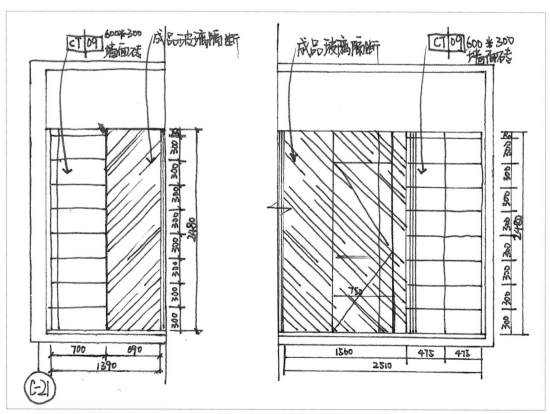

图 4-6　小公寓卫生间立面图手绘部分 1

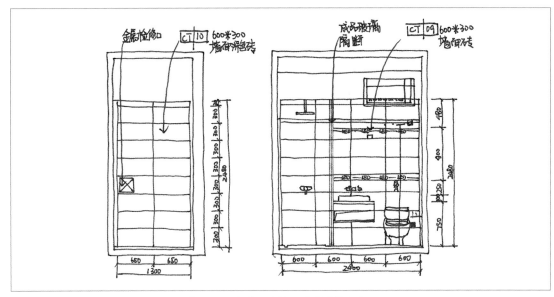

图 4-7　小公寓卫生间立面图手绘部分 2

通过小公寓卫生间干、湿两个空间立面图，可了解到整体空间装修的材质、造型等需求。接着再专门看看地面施工铺设的具体大样节点，如图4-8、图4-9所示。

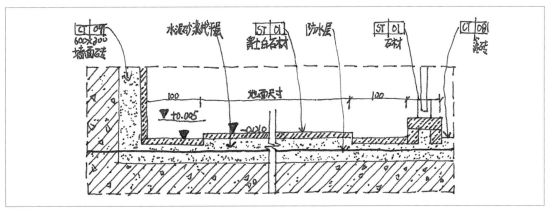

图 4-8　小公寓卫生间淋浴区地漏附近地面大样图手绘部分 1

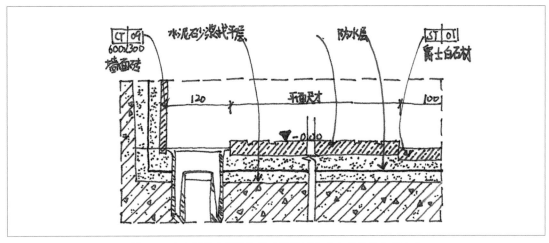

图 4-9　小公寓卫生间淋浴区地漏附近地面大样图手绘部分 2

以上介绍了小公寓空间的卫生间淋浴区大样节点手绘部分，展示出比较详细的施工工艺部分。总之，地面工艺手绘表现需要具备专业的绘画技巧和对地面材质的深入理解，同时要注重细节处理和色彩搭配，只有这样才能画出准确、生动的地面工艺手绘效果图。在日后的设计中多了解一些大样节点图，可以为日后在实践中绘制出更加详细、准确的施工工艺打下坚实的基础。

第三节

立面工艺手绘表现

立面工艺是一种用于描述建筑物立面设计和施工细节的图纸。它通常在建筑立面图的基础上进行深化和细化。它包括建筑立面图和门窗、檐口、雨篷、阳台等细部的施工图，以及外墙装修构造的施工图。本节将以立面图中的窗户为例，对立面工艺手绘进行详尽的讲解，以此展示施工工艺的细节。

下面还是针对这个小公寓进行手绘部分的详细分析。先看一下小公寓空间效果图（图4-10）。

图 4-10　小公寓空间效果图

然后详细看一下效果图两侧的立面施工图部分（图4-11、图4-12）。

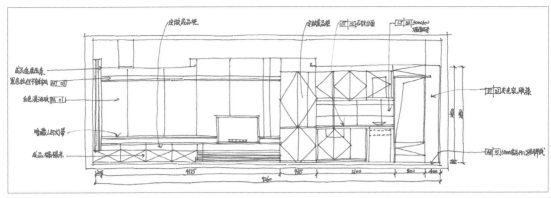

图 4-11　小公寓空间效果图左侧的立面施工图手绘

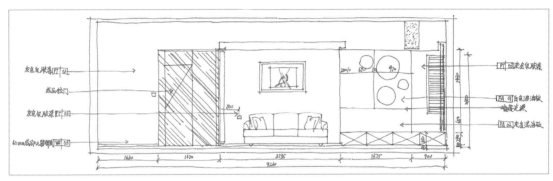

图 4-12　小公寓空间效果图右侧的立面施工图手绘

可以看出立面施工图部分着重展现了小公寓床头背景墙节点图（图4-13）、电视背景墙节点图（图4-14）。

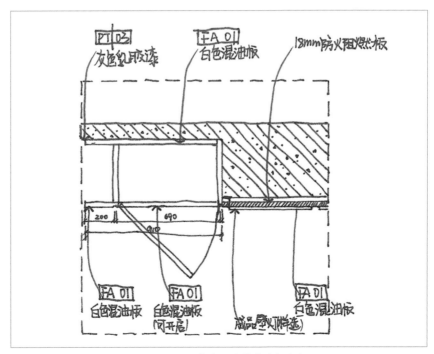

图 4-13　小公寓床头背景墙节点手绘

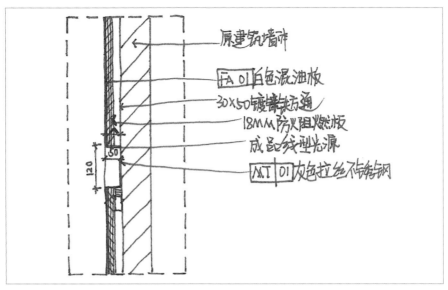

图 4-14　小公寓电视背景墙节点手绘

下面再看小公寓空间效果图中的窗口立面图（图4-15），深入了解一下通过窗口立面图我们要绘制的小公寓窗台节点图（图4-16）和窗口附近的墙身剖面图（图4-17、图4-18）。

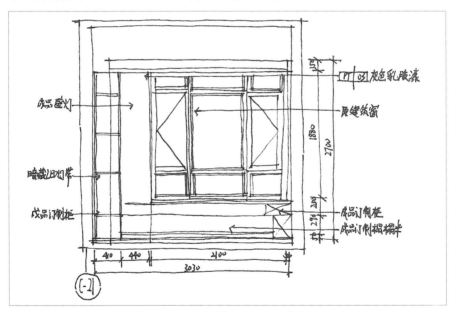

图 4-15　小公寓窗口的立面手绘

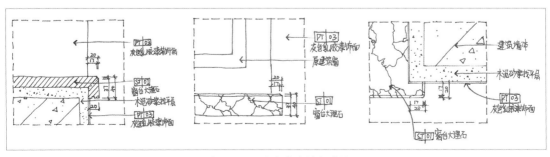

图 4-16　小公寓窗台节点手绘

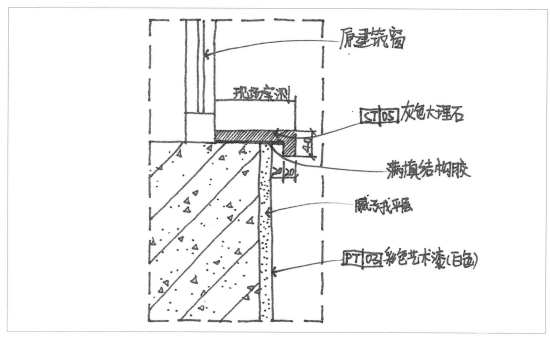

图 4-17　小公寓窗口附近的墙身剖面图手绘 1

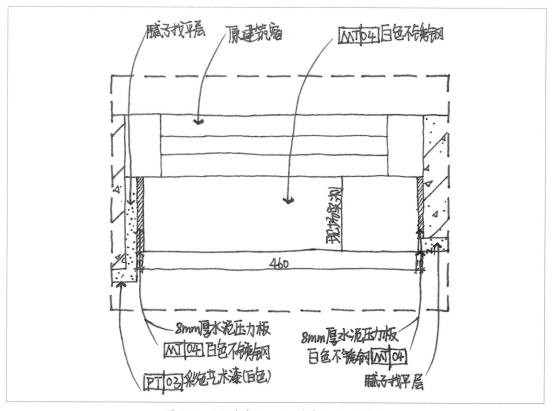

图 4-18　小公寓窗口附近的墙身剖面图手绘 2

　　综上所述，通过从立面图深化到节点图和剖面图的手绘部分，可知立面工艺施工图是建筑设计和施工过程中的一个重要组成部分，它直观地展示了建筑物的内部构造和空间之间的关系，对于施工方、设计师和业主都有很大的参考价值。

本章小结

　　本章通过小公寓空间从立面图深化到节点图和剖面图手绘部分的讲解，可知马克笔手绘空间表现不仅是技法，还扮演着更重要的角色。它不仅帮助施工人员更好地理解和掌握工艺流程，还能提高施工的准确性和效率，同时也方便施工人员之间进行沟通协调。可见，手绘施工图纸需要扎实的基础知识、优秀的技巧和不断地实践与反思。通过不断地学习和练习，我们可以提高自己的手绘技巧和设计能力。

思考与练习

　　1. 理解和掌握一些基础知识，可以通过阅读相关的专业书籍来获得这些知识。理解和掌握建筑设计和施工的基本知识，包括建筑结构、建筑材料、施工工艺等，可从实际项目中观察、学习来获取。

　　2. 学习经典案例，注意细节，如材料的选择、结构的设计、空间的布局等，并尝试将这些元素应用到自己的设计中。

　　3. 实践手绘。手绘是一种需要不断练习的技能。我们可以从一些简单的草图开始，逐渐尝试绘制复杂的建筑结构。在绘制过程中，需注意图形的比例，以及细节的呈现等方面是否合理。另外，还需注意线条的流畅性等。

第五章 平立面设计方案手绘表现

本章知识点

通过工作室设计方案案例深入了解设计规范和元素，在绘制平立面设计方案时需深入了解各种设计规范和元素，如建筑结构、材料、比例、空间等，才能准确地表达设计意图。手绘表现需要不断地练习和反思。通过绘制不同的建筑类型、空间等来提高绘图技能和表现能力，同时也可以通过与他人交流、比较作品等方式来反思和提高自己的设计水平。

学习目标

平立面设计方案手绘表现是用绘画方式表现建筑物或其他设计项目的细节和构造的手绘图纸，它们通常用于传达设计理念、展示设计效果和指导施工过程。手绘施工图需要具备高超的绘图技巧和对建筑构造的深入理解，它是一种非常重要的设计表现形式，能够以直观的方式展示设计师的创意和想法，帮助施工单位更好地理解并实现设计目标。本章节主要介绍地面铺装手绘表现、天花吊顶手绘表现、空间立面手绘表现这三个方面的内容。

下面首先了解一下这三类手绘图的特点。

（1）地面铺装手绘表现是室内设计的核心，它展示了房间的布局、家具的摆放、门窗的位置以及流线的规划等。平面图通常是在二维平面上展示空间关系，设计师可以通过对平面图的绘制和修改，来达到理想的室内布局。

（2）天花吊顶手绘表现展示了房间的天花板设计，包括吊顶、灯具、空调风口、喷淋头等。设计师可以通过天花图来规划天花板的整体造型和照明方案。

（3）空间立面手绘表现展示了房间的垂直面设计，包括墙体、门、窗、壁柜等。立面图可以帮助设计师了解房间的垂直空间利用情况以及与水平面的关系。

在设计手绘中，除了以上三类图，还有剖面图、分析图、意向图等多种类型，它们都是室内设计师在方案构思和表达过程中的重要工具。

第一节
地面铺装手绘表现

地面铺装手绘表现可以帮助设计师设置整个平面的功能，确定出一个合理的动线。一般要观察和分析平面图，确定铺装的形式和变化。在同一张平面图上，铺装形式应有变化，可以使用规则的线条和体块进行变化。各个功能区块的铺装衔接过渡要自然。同时需要反复推敲其合理性，建议使用硫酸纸进行绘制并反复推敲其功能的合理性，这样可以节省很多时间。

地面铺装手绘表现在设计和施工过程中具有重要的作用，它能够快速表达设计思路、确定平面功能、推敲方案合理性、提高绘图效率等。因此，对于设计师而言，掌握手绘技能是非常重要的，它可以帮助你更好地理解和设计空间布局。

下面以一间工作室室内设计方案（图5-1至图5-4）、酒店公寓室内设计方案（图5-5至图5-7）、酒店公寓双户型设计方案（图5-8和图5-9）为例，展现地面铺装手绘表现的样貌。

图 5-1　工作室空间设计效果图

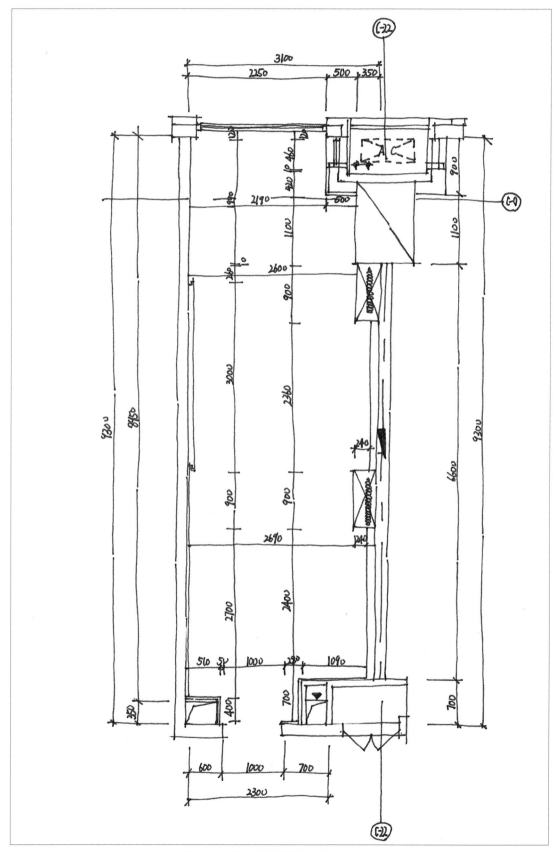

图 5-2　工作室平面装修条件尺寸手绘图

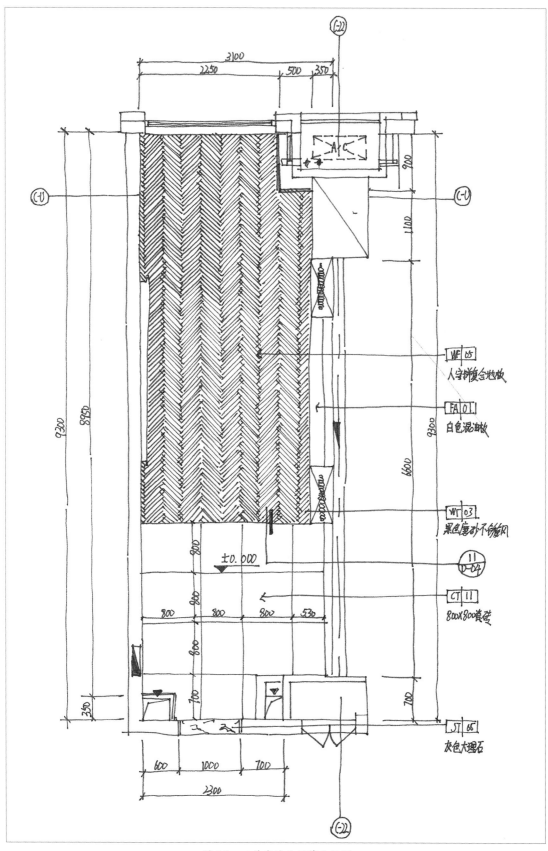

图 5-3　工作室地面铺装手绘图

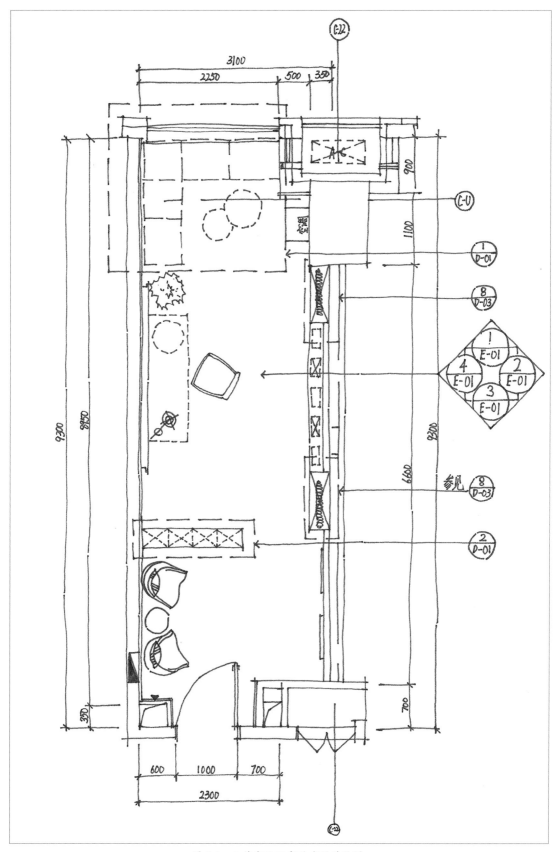

图 5-4 工作室平面家具布置手绘图

图 5-5 酒店公寓室内设计效果图

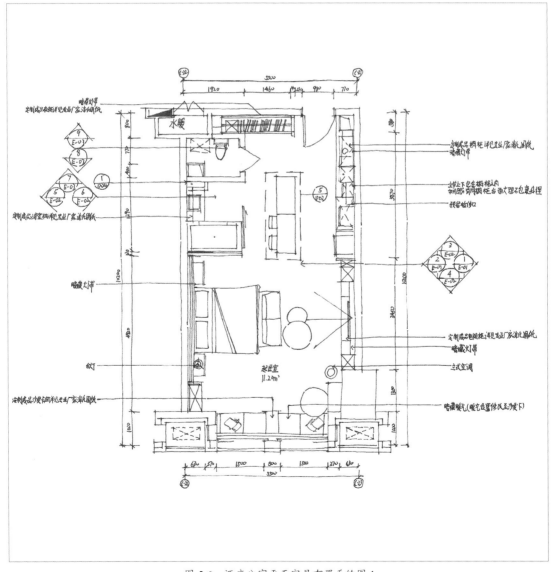

图 5-6 酒店公寓平面家具布置手绘图 1

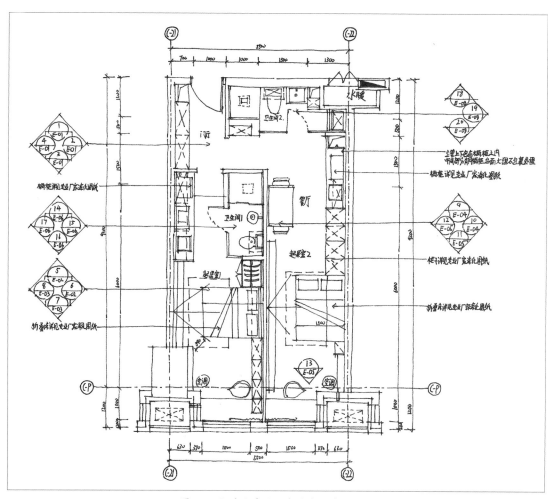

图 5-7　酒店公寓平面家具布置手绘图 2

图 5-8　酒店公寓双户型设计效果图 1

图 5-9　酒店公寓双户型设计效果图 2

第二节

天花吊顶手绘表现

　　天花吊顶手绘表现是一种在室内设计中常用的表现手法，它可以对天花吊顶的细节进行精细的表现，如灯具、风口、检修口等，在手绘时需注意细节的准确性和合理性。它通过手绘的方式表现出天花吊顶的设计效果，包括造型、色彩、材质等，从而让客户和施工团队更加清晰地感受到设计的魅力，增强设计的感染力和说服力。

　　天花吊顶手绘表现是室内设计中非常重要的一个环节，它可以帮助设计师更好地实现设计目标，提高设计质量和效果。同时它也可以帮助客户和施工团队更好地理解设计方案，实现有效的沟通和协作。

　　下面以一间工作室室内设计方案（图5-10和图5-11）、酒店公寓室内设计方案（图5-12和图5-13）、酒店公寓双户型设计方案（图5-14至图5-16）为例，展现天花吊顶手绘表现的全貌。

图 5-10　工作室空间设计效果图

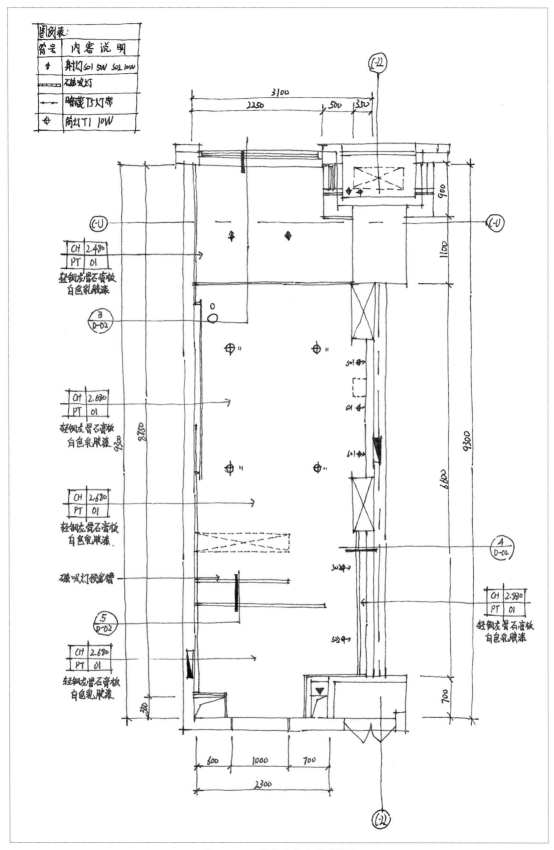

图 5-11　工作室天花布置手绘图

图 5-12　酒店公寓室内设计效果图

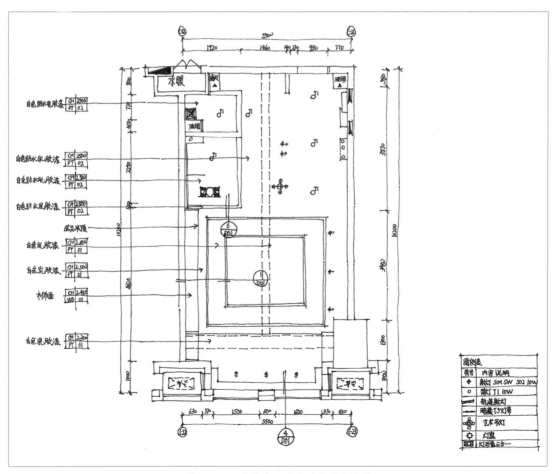

图 5-13　酒店公寓天花造型布置手绘图

图 5-14　酒店公寓双户型设计效果图 1

图 5-15　酒店公寓双户型设计效果图 2

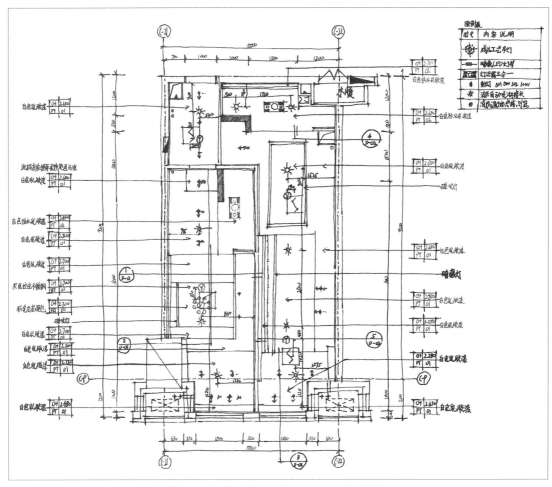

图 5-16　酒店公寓双户型天花造型布置手绘图

第三节

空间立面手绘表现

空间立面手绘表现是室内设计中重要的表现形式之一。它以线条为主要表现手法，将室内的空间布局、材质、色彩等元素进行直观呈现，推敲立面材质、尺度、风格和造型等。设计师可以通过手绘形象地考虑和体现设计的整体构思，弥补平面图上的不当或不易表现之处。例如，墙面的一些造型和高差等，手绘立面草图时可以帮助设计师积累丰富的设计素材。

手绘立面图的特点在于其表现力和感染力强，能够迅速吸引人们的眼球。同时，手绘立面图还能够完美体现设计师的创意和思想，让人们更加深入地了解室内设计的内涵。它不仅是一种表现形式，更是一种设计语言的体现。通过手绘立面图，设计师可以将自己的创意和思想传达给客户，让客户更加直观地了解室内设计的整体效果。

下面以一间工作室室内设计方案（图5-17至图5-21）和酒店公寓室内设计方案（图5-22至图5-26）来展现空间立面手绘表现的样貌。

图 5-17　工作室空间设计效果图

（注：结合图5-1和图5-9从整体上看，能够了解工作室整体空间布局）

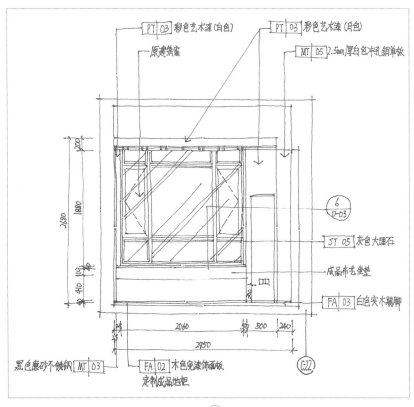

图 5-18　工作室立面手绘表现

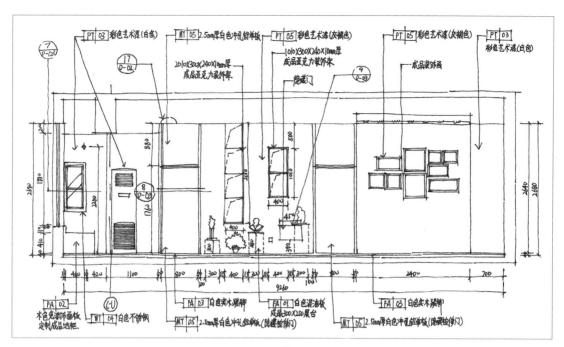

图 5-19　工作室 2/P-01 立面手绘表现

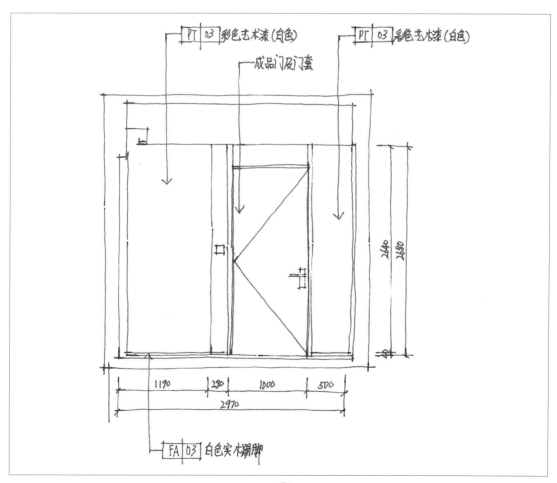

图 5-20　工作室 3/P-01 立面手绘表现

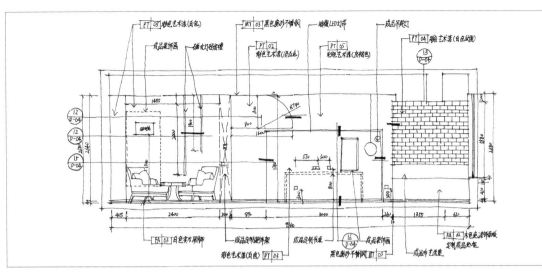

图 5-21 工作室 (4)/(P-01) 立面手绘表现

图 5-22 酒店公寓室内设计效果图

(注：结合图5-4和图5-10从整体上看，能够了解酒店公寓整体空间布局)

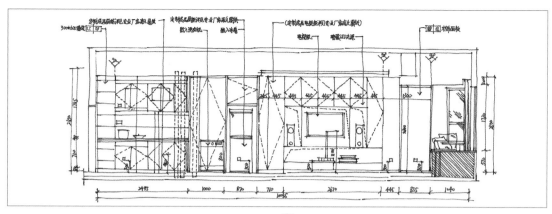

图 5-23　酒店公寓 ①/P-04 立面手绘表现

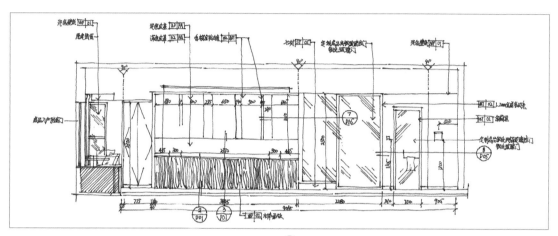

图 5-24　酒店公寓 ②/P-04 立面手绘表现

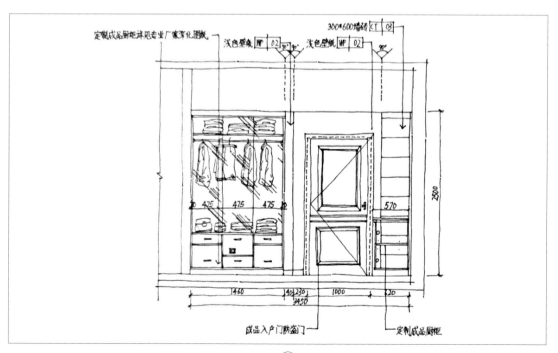

图 5-25　酒店公寓 ③/P-04 立面手绘表现

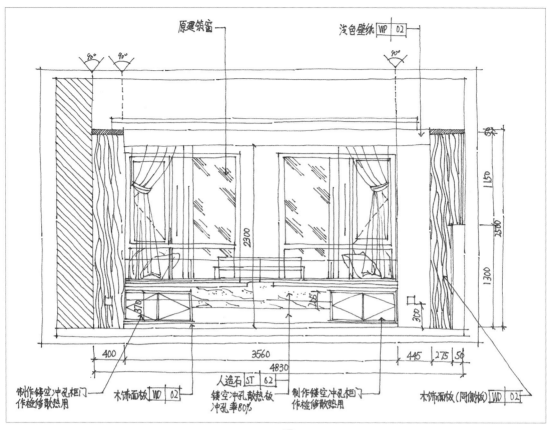

图 5-26　酒店公寓 4/P-04 立面手绘表现

本章小结

平立面设计方案手绘表现是一种有效的表现设计思路和概念的方法。在绘制平立面设计方案手绘表现时，需要注意以下几点：

（1）比例尺要准确，不要出现过于夸张或缩小的错误。

（2）线条要清晰明了，不要过于复杂或模糊。

（3）颜色要搭配合理，不要过于刺眼或不搭配。

（4）细节要表现到位，不要忽略任何重要的细节和特点。

本章从实际案例出发，所举的例子基本上都以家居空间设计方案为主，这样学生更容易看懂些。建议多向业界大师学习，深入分析优秀的室内设计案例，尝试通过手绘草图的方式反复勾画，掌握大师们的设计创意，并在室内设计工作中加以借鉴和创新，这样才能更好地提高自己的手绘技巧和设计能力。

思考与练习

    1. 理解和掌握一些基础知识，可以通过阅读相关的专业书籍来获得这些知识。理解和掌握建筑设计和施工的一些基本知识，包括建筑结构、建筑材料、施工工艺等，这些知识可以通过在实际项目中的观察、学习来获取。

    2. 学习经典案例，注意细节，如材料的选择、结构的设计、空间的布局等，并尝试将这些元素应用到自己的设计中。

    3. 实践手绘，手绘是一种需要不断练习的技能。你可以从简单的草图开始，逐渐尝试绘制复杂的建筑结构。在绘制过程中，要注意图形的比例和细节的呈现等是否合理，以及需注意线条的流畅性等。

本章知识点

　　借助两个真实案例的分享，学生需着力深化设计观念，合理规划空间布局与比例，增进空间美感及舒适度，掌控细节以强化空间层次与设计质感等。经由持续的实践与学习，逐步提升自身手绘技艺与设计能力。

学习目标

　　借由实际案例的分享，学生应当能够全方位掌握手绘在空间规划、布局、照明、色彩等方面的技巧，提升手绘表现的技能与方法，提高手绘表现空间设计水准。

　　在这一章中，我们的学习步入了真实案例分享阶段。前面的章节一再强调，学习手绘表现的终极目标在于更出色地进行设计方案的构想。故而，本章列举了近两年的一些手绘表现设计方案，这些方案皆已通过施工，成功落地并投入使用。接下来，我们将展开详细呈现，为学生重现设计师的创意流程，展示手绘表现在设计中所具有的作用和意义。

第一节

满族文化艺术展示空间设计

- **项目名称：** 满族文化艺术展示空间设计
- **项目时间：** 2023年3月
- **项目地点：** 吉林省长春市长春光华学院
- **项目概况：** 总面积540 m²，在中国文化铸魂、文化赋能、文化强国的大背景下，满族艺术研究亟待抢救性发掘和整理。本次设计从文化创意视域角度出发，深度收集、整理和挖掘满族历史文化，力求打造出一处有特色的满族文化艺术展示空间，展馆分为静态展示区、活态展演区和满族乐器复原手工坊。该方案大量使用青砖、仿古木材、白桦树皮等材料，让参观者感受到浓烈的满族文化艺术特色，深刻感受到我国悠久的历史是各民族共同书写的，中华各民族共同创造了灿烂文化，铸牢中华民族共同体意识。
- **设计理念：** 以"寻根与炳焕"为主题，以物叙事，以追溯远古的文化遗存为主体，结合数字媒体及动态体验，挖掘、保护满族文化。通过新媒体技术唤醒古老的记忆，给静态实物赋予无声的语言；用实物和整体艺术效果陈述历史，旨在传承与弘扬民族文化，唤醒沉睡的记忆，使科研、学术积累的成果变得更为直观化，同时为艺术创作和学术研究提供大量素材和契机（图6-1和图6-2）。

图 6-1　满族文化艺术展示空间 1F 平面布置图

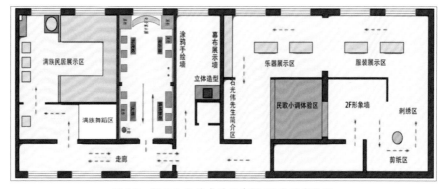

图 6-2　满族文化艺术展示空间 2F 平面布置图

满族文化艺术展示馆由栅格棚顶、实木梁和满族特色图形纹样等几个部分组成（图6-3至图6-6）。

图 6-3 满族文化艺术展示空间展厅入口处形象背景墙手绘线稿表现

图 6-4 满族文化艺术展示空间展厅入口处形象背景墙手绘上色表现

图 6-5　满族文化艺术展示空间展厅入口处形象背景墙效果图

图 6-6　满族文化艺术展示空间展厅入口处形象背景墙落成后的效果

满族文化艺术展示馆内部的满族戏曲戏剧厅，戏曲元素浓厚，色彩丰富柔和（图6-7至图6-9）。

图 6-7　满族文化艺术展示空间戏曲戏剧厅设计手绘线稿表现

图 6-8　满族文化艺术展示空间戏曲戏剧厅效果图

图 6-9　满族文化艺术展示空间戏曲戏剧厅落成后的效果

　　图6-10为满族文化艺术展示馆的民歌小调区的初步方案。经过与客户和专业人士等的沟通探讨，认为其空间中央太过空旷无法合理利用所有的空间。经过进一步完善，图6-11至图6-13所示是民歌小调区经调整后的手绘效果，还增加了听小调的功能。

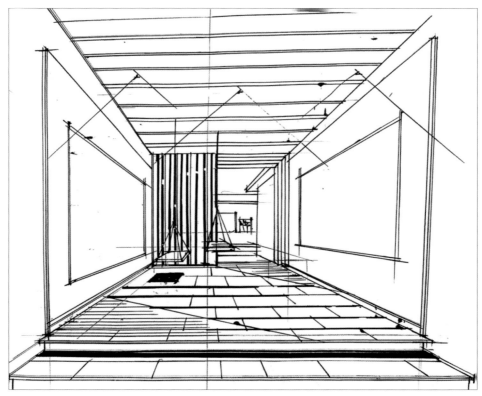

图 6-10　满族文化艺术展示空间民歌小调区起初的手绘线稿表现

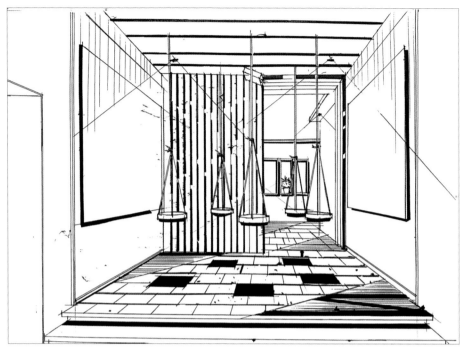

图 6-11　满族文化艺术展示空间民歌小调区细节调整后的手绘线稿表现

图 6-12　满族文化艺术展示空间民歌小调区细节调整后的手绘上色表现

图 6-13　满族文化艺术展示空间民歌小调区效果图

　　满族文化艺术展示空间舞蹈展示区的设计稿，涉及棚顶、软装饰、墙面造型等（图6-14至图6-16）。

图 6-14　满族文化艺术展示空间舞蹈展示区手绘表现

图 6-15　满族文化艺术展示空间舞蹈展示区效果图

图 6-16　满族文化艺术展示空间舞蹈展示区落成后的效果（软装饰还在建设中）

蛟河市新时代综合教育实践基地党建展厅实例

- **项目名称：**吉林省蛟河市新时代综合教育实践基地党建展厅
- **项目时间：**2021年7月
- **项目地点：**吉林省蛟河市新站镇，原蛟河市中小学劳动教育实践基地
- **项目概述：**总面积49 800 m²。基地以爱国主义教育为载体，彰显"不忘初心、牢记使命"主题。现代多媒体新时代综合教育实践基地党建展厅遵循现代主义简约设计风格，严谨细腻，简约而不简单，丰富而不复杂，从形式上更新普遍"画廊式"展厅的基本陈设风格，有效地融入新式多媒体展示手法。整体的空间设计呈现一种"走进去"的空间布局，用墙体来进行必要的隔断，给人一种想要继续走进去的想法，以达到最大程度上利用空间来阐述展厅设计的想法。
- **设计说明：**天花主要采用的是铝方通格栅吊顶与白色乳胶漆的搭配，灯带主要使用的是斗胆灯。为了更好地遵循现代主义的简约设计风格，造型墙主要由两大块组成：其一是根据蛟河的字母大写"H"延伸而来，是独属于蛟河市新时代综合教育实践基地党建展厅的一个代表墙面，利用红色与白色两种颜色进行搭配，与整体设计风格相吻合。其二是根据"中"字改的造型墙。该造型墙旨在提醒广大民众不忘初心、牢记使命，把全心全意为人民服务作为根本宗旨，与蛟河市新时代综合教育实践基地党建展厅的设计想法高度吻合。"蛟河市新时代综合教育实践基地"项目设计的空间已经投放使用。该项目将立足蛟河，服务吉林，全力为新时代吉林全面振兴服务。

图6-17至图6-19表现的是展厅的入口形象墙以及转角处的布置。经过同设计方沟通探讨，设计围绕红色主题展开，展厅内部设计了体验区，给人以身临其境的感受。

图 6-17　展厅空间设计入口形象墙手绘方案表现

图 6-18　展厅空间设计入口修改后的形象墙效果图表现

图 6-19　展厅空间设计转角手绘表现

　　在与客户反复交流后，考虑到实际情况、场地面积等因素，之前的方案和效果图展现部分被放弃。图6-20、图6-21和图6-22是重新设计的蛟河市新时代综合教育实践基地党建展厅手绘方案展示；图6-23和图6-24是根据手绘方案制作的计算机效果图展示。

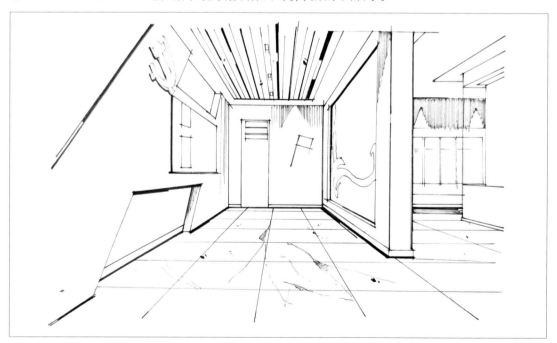

图 6-20　蛟河市新时代综合教育实践基地党建展厅手绘方案1

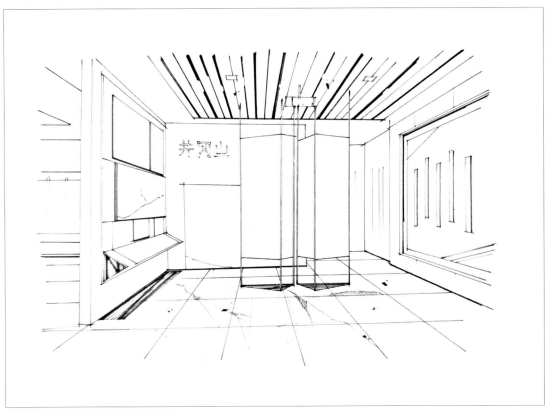

图 6-21　蛟河市新时代综合教育实践基地党建展厅手绘方案 2

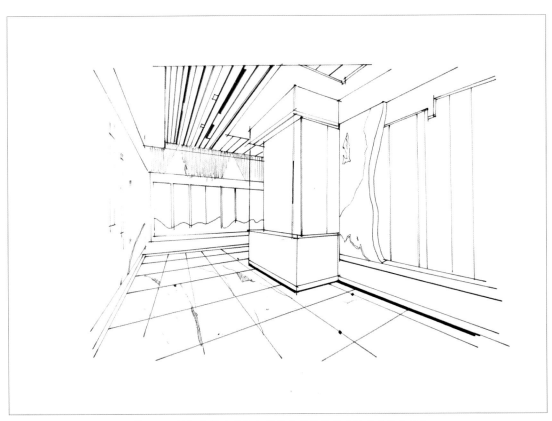

图 6-22　蛟河市新时代综合教育实践基地党建展厅手绘方案 3

图 6-23　蛟河市新时代综合教育实践基地党建展厅效果图展示 1

图 6-24　蛟河市新时代综合教育实践基地党建展厅效果图展示 2

以下是蛟河市新时代综合教育实践基地党建展厅落成后的部分实景图（图6-25和图6-26）。

图 6-25　蛟河市新时代综合教育实践基地党建展厅实景图拍摄 1

图 6-26　蛟河市新时代综合教育实践基地党建展厅实景图拍摄 2

本章小结

　　本章以实际案例展示了部分手绘设计方案、相应的计算机效果图、实际落成的空间及投放使用时拍摄的照片。从中可以发现，手绘在空间设计中不仅可以帮助设计师快速表达设计概念、确定平面功能和动线、绘制彩屏和空间方案，还可以搜集和整理素材、记录和整理设计思路以及促进团队内部协调、沟通，同时可以帮助设计师更好地表达自己的设计理念和方案，从而与客户高效地沟通，确定方案。

思考与练习

　　1. 多看手绘书籍，理解空间的基本属性，包括空间的大小、形状、方向、光线等。这些因素都会影响空间的使用方式和感受。通过手绘，可以更好地理解和表现空间的特点。

　　2. 反复训练，掌握基本技巧，比如线条的画法、透视的原理、色彩的运用等。可以通过一些基础练习来提高自己的手绘技巧，比如画一些简单的几何体、临摹一些优秀的手绘作品等。

　　3. 善于观察，多关注生活中的各种元素和细节，并将其融入自己的设计中。同时，也要勇于尝试新的设计思路和表现方式，以提高自己的设计创造能力。

　　4. 抓住一切可能的机会，多参与实际项目，可以根据实际需求进行手绘设计，比如空间规划、家具设计、照明设计等。通过实践，可以更好地掌握手绘技巧和设计思路，提高自己的设计能力。

第七章　数字手绘表现技法

　　本章着重讲解数字手绘表现的实用领域及优势、数字绘画工具操作技巧、数字绘画方法等。

　　通过本章的讲解，熟练掌握数字绘画工具操作技巧和数字绘画方法及流程，了解数字绘画和传统绘画的区别。

数字手绘表现的实用领域和基础

数字手绘表现是一种新兴的艺术形式，它通过计算机、手绘板、手写笔以及绘画软件等来完成绘画创作。数字手绘是板绘的一种形式，即使用数位板连接计算机，在绘画软件上进行绘画创作。

科技的飞速发展致使数字手绘已经成为一种广泛应用的艺术形式。它不仅可以提高绘画效率，还能让艺术家更加专注于创作。本节将介绍数字手绘在相关实用领域中的应用以及掌握这门技艺所需的基本技巧。

1. 数字手绘的优点

（1）颜色处理真实、细腻、可控。

（2）制作、修改、变形、变色方便。

（3）复制、放大或缩小方便。

（4）制作速度快，画面效果奇特，可长久保存。

（5）可以模仿多种笔刷，设计多种绘画效果。

（6）传输方便。作画如果完全数字化，借用网络形式来传输画稿，会快捷很多，也更加经济。

2. 数字手绘的实用领域

（1）插画设计：数字手绘在插画设计领域中具有广泛的应用前景，包括海报、书籍封面、广告和卡通角色等。

（2）游戏开发：游戏行业需要大量的原画设计，涵盖角色、场景、界面等多个方面，数字手绘为游戏制作提供了强大支持。

（3）动画制作：数字手绘可以实现动画中的分镜头设计、角色构建和场景布局等任务，为动画师提供便捷、高效的动画制作工具。

（4）UI/UX设计：界面设计需要精确的线条和颜色处理，数字手绘可以满足这些要求，同时还可以轻松生成矢量图形。

（5）时尚设计：服装设计师可以利用数字手绘草拟设计方案，快速呈现颜色、纹理等元素，提高设计效率。

3. 数字手绘基本技巧

（1）熟悉绘画软件：学习如Adobe Photoshop、Procreate或Sketchbook等专业绘画软件的基本操作技巧是数字手绘的基础。

（2）图层管理：合理使用图层可以让绘制过程更具有灵活性，分层作画能避免修改时影响到其他部分。

（3）色彩和光线：了解色彩原理和光线运用能令画面更具立体感，熟练掌握这两个要素对于提升作品品质至关重要。

（4）笔触和线条：不同的笔触和线条宽度会表现出不同的效果，它们将帮助你更好地呈现画面细节和质感。

下面了解一下图层、色彩调整和笔触线条等（图7-1至图7-3）。

图 7-1　图层

图 7-2　色彩调整

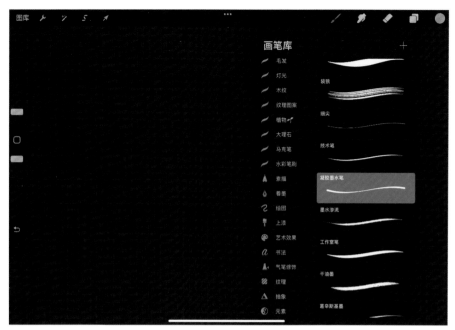

图 7-3　笔触线条

第二节

数字手绘表现的方法

　　数字手绘表现的方法与传统手绘是有一定区别的：传统手绘主要使用纸张、马克笔、彩铅、铅笔等工具进行绘画；数字手绘则使用数位板、压感笔和计算机软件等数字化工具进行绘画。在绘画过程方面：传统手绘的绘画过程需要手动完成，而数字手绘的绘画过程则可以通过计算机软件进行自动化和智能化操作。例如，数字手绘可以通过软件实现颜色填充、线条描绘、图层管理等功能，同时还可以进行撤销和重做等操作。在最终效果方面：数字手绘的表现效果与传统手绘有所不同，数字手绘可以通过计算机软件实现更多的特效和绘画技巧，例如改变色相、亮度和对比度等，使得作品更富有科技感和时尚感；传统手绘的表现效果则更加注重手工感和艺术气息。在绘画效率方面：数字手绘的绘画效率相对较高，同时，数字手绘的可修改性非常高。基于以上这些不同，数字手绘表现的技巧与传统手绘也是有差别的。

1. 数字手绘操作技巧

　　（1）图层管理：利用图层功能可以轻松地进行修改、添加或删除元素等操作，同时保留原始图像。

（2）蒙版与裁剪：使用蒙版和裁剪工具可隐藏或显示特定区域，以便更精确地进行细节处理。

（3）自定义笔刷：通过自定义笔刷的形状、纹理和混合模式等，可提升绘画效果和速度。

下面认识一下图层管理、蒙版与裁剪、自定义笔刷（图7-4至图7-6）。

图 7-4　图层管理

图 7-5　蒙版与裁剪

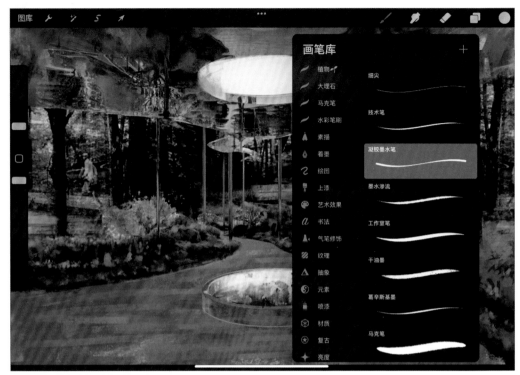

图 7-6 自定义笔刷

2. 数字手绘色彩表现

数字手绘色彩表现通常是通过绘图软件和数字画笔来实现的。这种技术需要使用者创建具有高度细节和逼真度的插图，同时也可以通过色彩的选择和运用来表达情感和主题。

在数字手绘中，色彩的表现方式可以有多种。

首先，色彩的选择可以基于真实的颜色或特定的调色板，可以选择特定的颜色或色彩组合来匹配空间主题。

其次，色彩的表现还可以通过色彩的饱和度、亮度和对比度来进行调整。这些属性的调整可以用来增强图像的视觉效果。例如，增加对比度可以突出图像的细节和立体感。

最后，色彩的表现还可以通过运用的手法来实现。例如，涂抹色彩可以创造出柔和、模糊的边缘；而用细小的笔触点缀色彩可以创造出丰富的纹理和细节。

总的来说，数字手绘色彩表现是一种强大的艺术表达工具，可以用来增强图像的视觉效果、传达情感和主题以及创造出独特的空间风格（图7-7）。

3. 数字手绘构图与线条表现

室内设计的数字手绘构图与线条表现是手绘效果图的一个重要组成部分。通过灵活运用线条，可以传达设计师的创意和想法，展现出室内空间的形态、比例、空间关系和材质等。

在构图方面，数字手绘可以利用计算机软件的优势进行精确的构图和设计。一般来说，手绘效果图的构图需遵循以下原则：

图 7-7　数字手绘色彩表现

（1）注重整体与局部之间的关系：在构图时要把握好整体与局部之间的关系，确保画面整体协调，同时也要突出局部的细节和特点。

（2）强调空间与层次感：在室内设计中，空间感和层次感是至关重要的。因此，在手绘效果图中，要利用线条和色彩等手段，表现出空间的深度和层次感。

（3）追求简洁与明了：构图时，应尽量简洁明了，避免过多的装饰和细节，以免干扰主题的表现。

（4）注重比例与尺度：在绘制室内设计效果图时，要注意比例与尺度之间的关系，确保画面中的物体和空间大小比例合理，符合实际。

在线条表现方面，数字手绘可以借助计算机软件的灵活性，表现出各种形式的线条。例如，可以利用针管笔或马克笔等工具，表现出线条的轻重、密度、表面质感等。同时，还可以利用计算机软件的功能，对线条进行加工和修改，以达到更好的表现效果。

在绘制线条时，需要注意以下几点：

（1）注重线条的连贯性：绘制线条时，要保持线条的连贯性，避免停顿和重复表达同一线条。

（2）强调线条的肯定性：下笔要肯定，切记收笔有回笔，以确保线条的流畅和自然。

（3）注意透视与平行：在绘制过程中，要遵循透视原理，确保画面呈现出符合视觉规律的视觉效果。

（4）追求线条的变化性：在线条的表现中，通过自身的变化达到手绘表现的目的。例如，可用粗细代表虚实、急缓表示强弱、疏密体现层次等。

（5）吸取中国传统绘画的线条表现技法：可以吸取中国传统绘画中线条的表现技法，如游丝描等，在线条绘制中融入中国传统元素，增强手绘效果图的视觉美感。

总之，数字手绘的构图与线条表现是室内设计中的一个重要环节。通过灵活运用构图原则和线条表现技巧，可以创作出具有独特魅力的手绘效果图，为室内设计增添无限可能。

第三节

数字手绘表现工具

数位板和数位笔是将手绘转换为数字格式的最好工具之一。

1. 数码设备

（1）数字绘图板：以Wacom、Huion等品牌为代表的绘图板可以模拟纸张和画笔的触感，提供自然且直观的绘画体验（图7-8）。

（2）触控笔：高质量的触控笔能够提供精准的笔触控制，部分型号还支持压力感应，便于调整线条粗细（图7-9）。

（3）数字平板：如iPad和Surface Pro等设备搭载专业级绘图软件，便于随时随地进行创作（图7-10）。

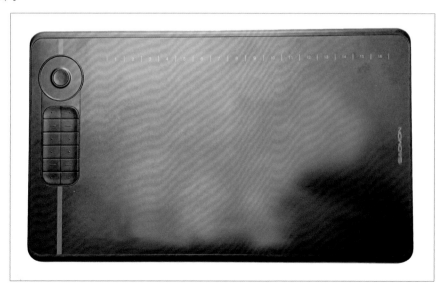

图 7-8　数字绘图板

图 7-9　触控笔

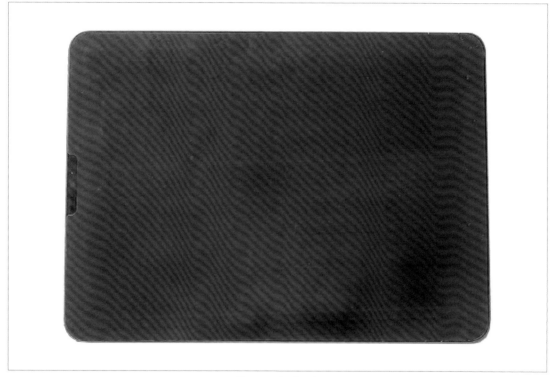

图 7-10　数字平板

2. 常用的数字手绘软件

（1）Adobe Photoshop：广泛应用于各行业的绘图软件，功能完善，适合不同风格的创作。

（2）Procreate：专为iPad设计的绘图软件，界面简洁，内置丰富的画笔库和实用工具。

（3）Krita：免费开源软件，专注于数字绘画领域，适合初学者及专业人士。

3. 数字手绘空间表现作画步骤

（1）插入图片（图7-11）。

（2）绘制大致线稿，与马克笔手绘线稿一致，要注意透视关系（图7-12和图7-13）。

（3）绘制顺序按照地面、天花和墙面进行（图7-14至图7-16）。

（4）往画面内填入软装，绘制家具及装饰品（图7-17和图7-18）。

（5）加深对细节的刻画，进行色彩深化（图7-19和图7-20）。

（6）最终完成数字手绘表现的绘制（图7-21）。

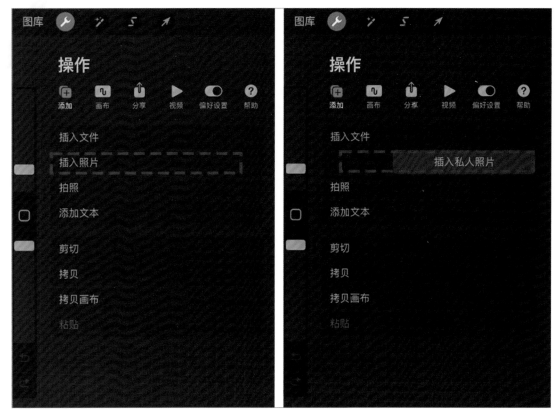

图 7-11 插入图片

图 7-12 线稿展示

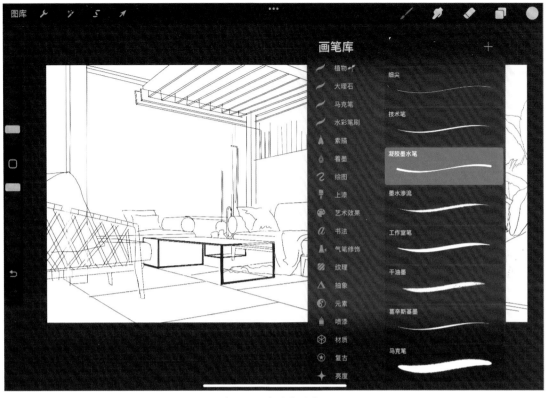

图 7-13　线稿笔刷展示

图 7-14　地面绘制

图 7-15　墙面和天花绘制

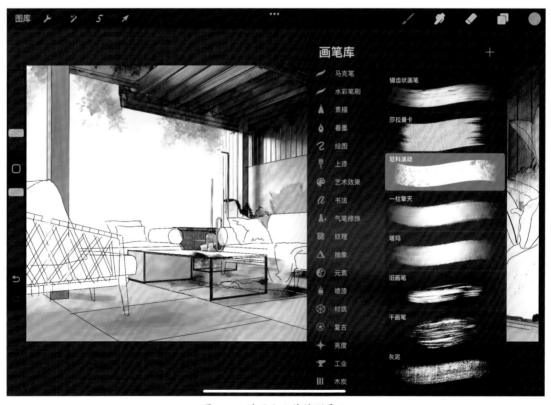

图 7-16　墙面和天花笔刷展示

图 7-17　家具及装饰品绘制

图 7-18　家具及装饰品笔刷展示

图 7-19　加深细节

图 7-20　细节笔刷展示

图 7-21　完成效果

第四节

数字手绘表现实例作品

作为马克笔徒手表现的延伸章节，数字手绘的表现更为便捷，应用面也更加广阔。对实景照片的直接描绘，可以加强学生对色彩的敏感度，拓宽学生技能储备的可能性，包括灯光以及投影的处理方法，都可在本节训练中得到更进一步的提升。

在本节中，学生可以利用数字手绘工具进行更加灵活的创作，同时可以随时调整图像的大小、颜色、形状、纹理等，以满足不同的设计需求。数字手绘的高效性可以让插画等各种绘画需求更加迅速地完成。与此同时，数字手绘还能展示动态图像、3D图像等。

在本章节的训练中，我们主要是拓展关于手绘的绘画方式。下面欣赏一下数字手绘的表现形式，感受马克笔手绘和数字手绘的区别。

图7-22和图7-23是数字手绘方式表现的室外景观。

图 7-22　室外景观数字手绘表现 1

图 7-23　室外景观数字手绘表现 2

图7-24至图7-28是室内的数字手绘表现。

图 7-24　客厅数字手绘表现 1

图 7-25　客厅数字手绘表现 2

图 7-26　洗浴室数字手绘表现

图 7-27　就餐区数字手绘表现

图 7-28　大厅数字手绘表现

本章小结

　　本章从数字手绘的相关应用领域讲起，详细讲解了数字手绘的绘画步骤及使用的主要绘图工具。数字手绘带来的效果尤其是其艺术感染力是有目共睹的，在细节的把握上应更加注重质感的表现。学生需具备扎实的绘画技能并熟练掌握数字绘画工具操作技巧。唯如此，才能创作出高质量的数字手绘室内设计作品。

思考与练习

　　对马克笔手绘和数字手绘进行区别、对比，对数字手绘进行摸索。在准备运用数字手绘进行创作时，一定要先把马克笔手绘练习好。只有具备扎实的基本功和一定的艺术修养，才能更好地把握数字手绘带来的不一样的独特艺术魅力和表现方式。

第八章 AIGC手绘应用概述

本章知识点

本章展现AI绘画通过AIGC工具的高效功能与原理，实现从线稿生成到效果图转化的便捷流程，并支持多样化的风格与主题的应用。其助力艺术家探索个性化的艺术风格，展现其在手绘创作中的显著优势与广阔的未来发展趋势。

学习目标

通过掌握AIGC工具的使用和理解其在手绘创作中的应用基础，学生应学会如何创作并优化效果图，从而培养创新实践能力以拓展艺术边界，同时深入理解科技与艺术的融合趋势，以激发对AIGC工具的探索兴趣和应用潜能。

第一节

AIGC 概述

AI绘画，即是指通过人工智能技术辅助或独立生成的视觉艺术作品。AI绘画是近年来随着人工智能技术的迅速发展而兴起的。这种技术的核心在于利用机器学习模型，尤其是深度学习算法来理解和模拟人类的创作过程，从而产生具有艺术价值的图像、插画或绘画作品。与传统手绘相比，AI绘画的特点在于其高效性和创新性，能够在短时间内生成大量的创意作品。

AI绘画的应用范围十分广泛，它不仅为艺术家提供了新的创作工具和灵感来源，也使得没有绘画基础的人能够轻松创作出具有个人风格的艺术作品。在商业领域，AI绘画被广泛应用于游戏角色设计、动漫创作、广告创意、时尚设计等多个行业，极大地提高了设计效率和创新能力。此外，AI绘画还被用于教育和娱乐，比如通过AI辅助绘画软件教授绘画技巧，或是在社交媒体上创造个性化的艺术头像等。

AI绘画技术的发展，尤其是生成对抗网络（Generative Adversarial Network, GAN）的应用，使得机器生成的艺术作品在风格和质感上越来越难以与人类艺术家的作品相区分。这不仅推动了艺术领域技术和审美的革新，也引发了关于知识产权、艺术价值和机器创造力之间的关系等深层次的讨论和思考。

1. AIGC 工具的基本功能和工作原理

AIGC工具，即人工智能生成内容的工具，它是基于先进的机器学习技术，尤其是深度学习算法来设计和开发的。它能够在艺术和设计领域模拟人类的创造过程，从而产生新的视觉作品。AIGC工具的核心功能和工作原理可以从以下几个方面来解析。

（1）基本功能（图 8-1）

风格迁移：AIGC工具可以将一种艺术风格应用到另一张图片上。例如，将凡·高的画风应用到一张普通的照片上，从而创造出全新的艺术作品。

图像生成：基于用户的输入（如文字描述、草图等），AIGC工具能够生成全新的图像或绘画。这一功能在角色设计、场景构建等领域有着广泛的应用。

内容填充和修复：AIGC工具能够理解图像的内容，并在需要时填充或修复缺失的部分，如修复旧照片或完成未完成的画作。

图像优化和调整：这些工具还可以改善图像的质量，调整色彩、对比度等，以满足特定的视觉效果需求。

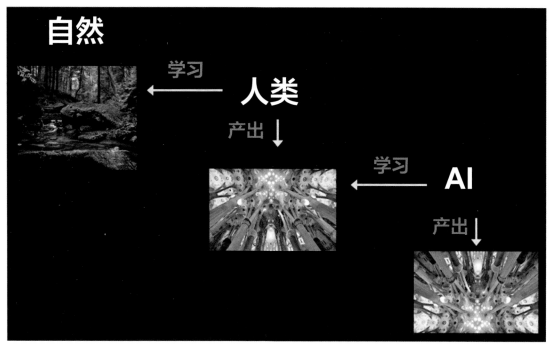

图 8-1　AIGC 基本功能

（2）工作原理

AIGC工具的工作原理主要基于以下几种深度学习模型。

生成对抗网络（Generative Adversarial Networks，GAN）：GAN由两部分组成——生成器和判别器。生成器负责产生图像，而判别器则评估图像的真实性。通过这种对抗过程，生成器学习如何产生越来越逼真的图像。

变分自编码器（Variational Autoencoder，VAE）：VAE通过学习图像的潜在表示来生成新的图像，这使得它能够在给定某种约束（如特定风格等）的情况下生成图像。

深度卷积神经网络（Convolutional Neural Networks，CNN）：在风格迁移等任务中，CNN被用来理解和提取图像的风格和内容特征，从而使得风格转换成为可能。

通过这些高级算法，AIGC工具不仅能够理解和模拟人类的艺术创作过程，还能够在此基础上创造出全新的艺术风格和视觉作品，从而极大地拓展了创作的可能性和范围。

2. AIGC 工具的使用

使用AIGC工具进行创作是一个既直观又灵活的过程，它能够适应不同艺术家和设计师的独特需求。以下是使用AIGC工具的基本步骤，旨在帮助初学者快速上手。

步骤01 选择合适的AIGC工具

市场上有许多AIGC工具，每种工具都有其特定的功能和优势。选择时，应考虑工具的易用性、生成质量、可定制性以及支持的艺术风格等因素。一些流行的AIGC工具包括通义、端脑云、liblib AI、Stable Diffusion、Midjourney、Chatgpt、Runway等，如图8-2所示。

图 8-2　AIGC 工具

步骤 02 定义创作需求

在开始使用AIGC工具之前，先明确创作目标是非常重要的，包括想要创作的主题、风格、色彩方案等。有时，一些具体的指导，比如期望的情感氛围或想要传达的信息，也有助于生成更满意的作品。

步骤 03 输入创作指令

根据选择的AIGC工具，可能需要通过下面不同的方式提供创作指令。

　　文字描述：简单描述想要创作的场景、对象或风格。

　　上传图片：提供一张图片作为参考，可以是风格参考、色彩参考或是构图参考等。

　　草图或线稿：上传一张手绘的草图或线稿，由AIGC工具进一步渲染或完善，如图8-3所示。

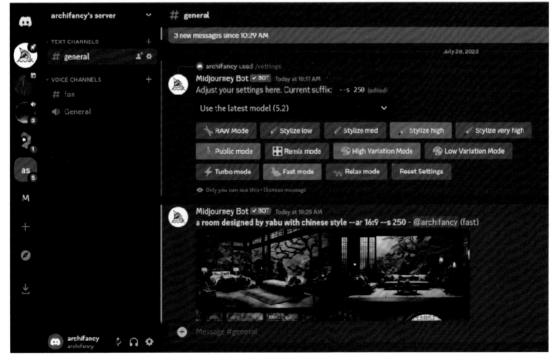

图 8-3　AIGC 定义创作需求

步骤 04 调整和优化

大多数AIGC工具在生成初稿后都允许用户进行调整。这一步骤是创作过程中不可或缺的，它可以帮助用户精确调整细节、改善构图或加强色彩效果，以达到预期的艺术效果。

步骤 05 保存和应用

生成了满意的艺术作品，就可以将其保存下来。根据需要，这些作品可以直接作为最终作品展示，也可以作为手工艺术创作的参考或灵感来源（图8-4）。

图 8-4　AIGC 保存与应用

3. AIGC 工具生成线稿案例分析

为了更好地理解AIGC工具在实际创作中的应用，我们通过一个案例来展示AIGC工具如何将一个简单的概念生成详细的线稿。这个案例将涵盖从初始想法到最终线稿的全过程，并解释在每个阶段可能使用到的AIGC功能。

为了更直观地展示AIGC工具在室内设计中的实际应用，我们通过一个案例分析来探讨AIGC工具如何辅助设计师完成从概念设计到最终设计方案的转化过程。

设计背景：

为一套现代公寓设计一个既实用又有美感的客厅空间。设计目标是创造一个既适合家庭聚会，又能提供舒适休息环境的多功能空间。

步骤 01 概念和草图

设计师首先根据客户需求和空间条件，草拟了几个初步的设计概念。然后利用AIGC工具，设计师输入了关于空间布局、功能需求和风格偏好的描述，如："现代简约风格的客厅，需要包含娱乐区和休息区，主色调为灰色和白色，带有木质元素。"AIGC工具定义的创作需求如图8-5所示。

图 8-5　AIGC 定义的创作需求

步骤 02 AIGC工具生成效果图

根据输入的描述，AIGC工具快速生成了几个初步的室内设计效果图。这些效果图展示了不同的空间布局和装饰风格，为设计师提供了多个可选方案。

步骤 03 方案调整和细化

设计师根据客户的反馈意见和个人的专业判断，选择了最符合需求的方案。接下来，利用AIGC工具对选定的方案进行进一步的调整和细化，包括家具的选择、材料的质感、灯光的布局等。

步骤 04 最终设计方案

设计师通过与AIGC工具的互动，最终确定了客厅的室内设计方案。该方案不仅满足了功能性需求，也体现了现代简约风格的美学特点。设计师还利用AIGC工具生成了从不同角度和不同光照条件下得到的高质量效果图，为客户提供了全面而直观的设计展示，如图8-6所示。

案例总结：

这个案例展示了AIGC工具在室内设计中的实用性和灵活性。通过与AIGC工具的合作，设计师能够快速生成和调整设计方案，从而有效提高工作效率。同时，AIGC工具也为设计师提供了探索不同设计可能性的空间，激发了更多的创意和创新。

图 8-6　AIGC 工具设计效果

第二节

线稿到效果图进阶教程

1. 如何利用 AIGC 工具从线稿转化出完整的效果图

将线稿转化为完整的效果图是一项既具有挑战性又具有创造性的任务。通过AIGC工具，这一过程可以大大简化，同时还能提供无限的创意可能性。以下是利用AIGC工具将线稿转化成完整效果图的详细步骤。

步骤 01　准备线稿

首先，确保你有一幅清晰的线稿。这幅线稿应该详细地描绘了画面的主要元素和结构，但不包含色彩或阴影。线稿可以是手绘上传的，也可以是通过AIGC工具生成的（图8-7）。

图 8-7　AIGC 设计线稿

步骤 02 选择AIGC工具和模型

根据你的实际需求选择一个合适的AIGC工具和模型（图8-8）。一些AIGC工具专注于特定风格的生成，如漫画、写实或抽象等，而其他AIGC工具则可能提供更广泛的选项。确保所选工具支持从线稿到效果图的转化功能。

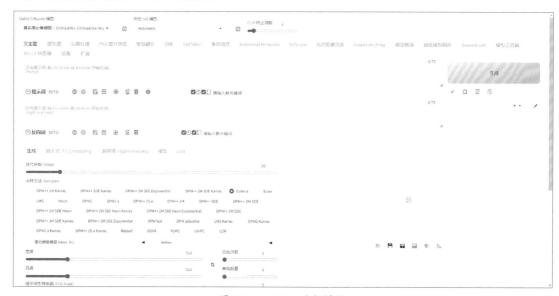

图 8-8　AIGC 工具与模型

步骤 03 色彩填充

使用AIGC工具的自动填色功能开始为线稿填充色彩。你可以为AIGC工具提供指导性的色彩方案，或者让AIGC工具根据线稿的内容自动选择色彩。这个阶段的重点是确定整幅画面的主色调和色彩分布，为后续的光影效果和细节处理打下基础（图8-9）。

步骤 04 光影效果

接下来，使用AIGC工具添加光影效果来增强画面的立体感和深度。这一步骤包括确定光源位置、调整光照强度和方向，以及在必要的区域添加阴影和高光。AIGC工具可以根据线稿的结构自动进行这些调整，但用户仍可以手动调整以达到最佳效果。

步骤 05 细节增强和调整

　　此阶段是对效果图进行精细调整的过程，包括增强细节（如纹理、反光等），调整色彩饱和度和对比度，以及修正任何不自然的区域等（图8-10）。AIGC工具在这一步骤中可以提供强大的辅助功能，但艺术家的直觉和审美判断在此过程中仍然至关重要。

图 8-9　AIGC 色彩填充

图 8-10　AIGC 细节增强和调整

步骤 06 最终审查

　　完成上述步骤后可进行最终的审查，以确保效果图符合最初的设计概念和艺术要求。最终审查主要是检查色彩、光影、细节等是否和谐统一，必要时进行最后的调整。

　　通过以上步骤，一幅从线稿转化而来的完整效果图就完成了。这一过程不仅体现了AIGC工具的技术能力，也展现了艺术家在创作过程中的主导作用和创意发挥。

2. 如何调整和优化 AIGC 工具生成的图像

即便AIGC工具在自动生成效果图方面表现出色，但为了达到最佳的视觉效果和艺术表达，通常还需要对生成的图像进行进一步的调整和优化。以下是一些关键的调整和优化策略。

调整一：色彩调整

色彩平衡：根据整体画面的氛围或特定艺术风格，调整色彩平衡，确保色彩的和谐统一。

饱和度和对比度：增强或减弱色彩的饱和度和对比度，以提高画面的视觉冲击力或营造柔和的氛围。

色调映射：对特定色调进行调整，以突出主题或增强艺术效果。例如，暖色调可以营造舒适的感觉，冷色调则可能带来神秘的氛围等。

调整二：细节修正

锐化和平滑：对图像的特定部分进行锐化，以增强细节的清晰度；或者使用平滑技术减少噪点和不必要的细节，以达到更好的视觉效果。

细节增强：在需要强调的区域增加额外的细节，如纹理、光影效果等，使图像更加丰富和立体化。

去除不协调元素：调整或去除图像中一些不协调或分散视觉焦点的元素，确保视觉中心和主题的突出。

AIGC工具细节调整如图8-11所示。

图 8-11　AIGC 细节调整

调整三：风格一致性

统一艺术风格：确保整幅画面中的元素风格保持一致，包括线条风格、色彩处理、光影效果等，以增强作品的整体感。

风格微调：根据艺术家的个人风格或作品的主题，对AIGC工具生成的图像进行微调，使其更贴近艺术家的创作意图（图8-12）。

图 8-12　AIGC 风格微调

调整四：用户反馈和迭代

用户反馈：根据艺术家或观众的反馈，对图像进行调整，以满足特定的审美要求或改善视觉体验。

多次迭代：不断地对图像进行调整和优化，通过多次迭代，使其逐步接近理想的效果（图8-13）。

通过上述调整和优化策略，艺术家可以充分利用AIGC工具的强大功能进行创作，同时保持个人的艺术风格和创作控制，最终创作出高质量且富有个性的艺术作品。

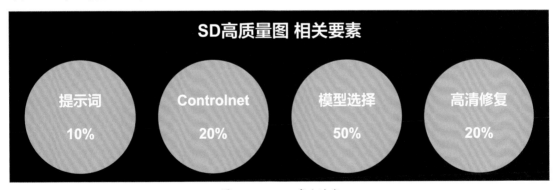

图 8-13　AIGC 多次迭代

3. 展示不同风格的室内设计效果图生成实例

AIGC工具在室内设计领域同样可以展现出巨大的潜力和灵活性，能够适应各种不同的设计风格和主题。通过下面的实例，我们可以探索如何利用AIGC工具为室内设计项目生成具有不同风格的效果图（图8-14）。

图 8-14 AIGC 不同风格室内设计效果

实例 1：现代极简风格的卧室设计

主题：卧室设计，以简洁的线条和中性色调为主。

风格：现代极简风格，强调功能性和简洁美。

AIGC应用：利用AIGC工具生成的效果图将展示以白色和灰色为主色调的卧室，并配以简洁的家具和装饰。AIGC工具可以帮助设计师快速尝试不同的家具布局和装饰元素，找到最符合极简主义美学的设计方案。

实例 2：波西米亚风格的卧室设计

主题：卧室设计，融合了丰富的色彩、图案和文化元素。

风格：波西米亚风格，自由奔放，充满艺术气息。

AIGC应用：AIGC工具可以根据波西米亚风格的特点，生成包含多种图案和颜色搭配的卧室效果图。设计师可以利用AIGC工具尝试不同的色彩和纹理组合，轻松创建出独特而吸引人的波西米亚风格卧室设计。

实例 3：工业风格的卧室设计

主题：卧室设计，以裸露的砖墙、金属元素和实用性为特点。

风格：工业风格，原始粗犷而不失现代感。

AIGC应用：通过AIGC工具，设计师可以生成展示裸露砖墙和金属构件的卧室效果图。AIGC工具还可以帮助探索不同的照明方式和家具组合，以增强空间的工业氛围和功能性。

实例 4：地中海风格的卧室设计

主题：卧室设计，采用海蓝色、白色等地中海区域特有的色彩，搭配自然材料。

风格：地中海风格，轻松愉悦，充满阳光和海洋的气息。

AIGC应用：使用AIGC工具可以快速生成充满地中海特色的卧室设计效果图，包括拱形门窗、陶瓷砖饰面和室内植物等元素。设计师可以在AIGC工具的帮助下，轻松尝试和调整不同的装饰细节，创造出令人放松的地中海氛围。

实例 5：简约工业风格都市餐饮空间设计

主题：餐饮全新体验，简约的线条与工业元素彼此交融，尽显具有都市韵味的简约工业风现代感。

风格：简约工业风，其保留了工业风原本的质感，如裸露的水泥、金属管道以及复古的砖墙等，充分展现出质朴且粗犷的特质。

AIGC应用：借由AIGC工具的精准设计与模拟，针对空间布局予以精心规划，让座位安排更为合理，通行更加流畅，从而成功塑造出别具魅力的用餐环境。在灯光设计方面，AIGC工具助力达成冷暖色调的和谐调配，营造出温馨又富有个性的氛围。

实例 6：商务风酒店大堂空间设计

主题：酒店大堂拥有高挑的空间，散发着商务风的尊贵大气质感。

风格：商务风的酒店大堂空间，其整体色调主要为沉稳的中性色，包括灰、米白和棕褐等。

AIGC应用：色彩的巧妙搭配，再经过AIGC工具的细致分析与优化，充分展现出商务风的稳重与大气。大堂地面选用了高品质的大理石材质，其纹理与光泽得以完美呈现，彰显出奢华品质。大堂中厅高挑开阔，中间垂坠着璀璨华丽的水晶灯，为整个大堂增添了浓郁的尊贵大气之感。大堂内的家具选取了简洁大方的款式，线条流畅自然，材质精良上乘，其尺寸和布局通过AIGC工具的精准计算，在满足功能性需求的同时极大地提升了整体美感。大堂天花板的造型简洁却富有层次感，搭配的精致吊灯，其灯光效果经由AIGC工具进行模拟和调试，提供了充足且柔和的光线。

这些实例展示了AIGC工具在室内设计中的应用。从现代极简风格到波西米亚风格，从工业风格到地中海风格，AIGC工具都能提供强大的支持，帮助设计师快速实现和调整设计想法，创造出符合要求的室内空间效果图。

4. 不同类型 Lora 和关键词

为了方便创作各种不同的建筑风格，我们整理了部分出图比较好看的建筑风格Lora和关键词。

（1）中式庭院风（图 8-15）

Lora：<lora:Isometric_Chinese_style_architecture_v1:1>

关键词：<lora:Isometric_Chinese_style_architecture_v1:1>,LAOWANG,Highest quality,ultra-high definition,masterpiece, 8k quality，(extremely detailed CG unity 8k wallpaper）Chinese style, Chinese courtyard, detached villa, Chinese architecture

图 8-15　AIGC 不同风格关键词效果 1

（2）未来科幻风（图 8-16）

Lora： architecture <lora:新科幻Neo Sci-Fi_v1.0:1>

关键词： architecture <lora:新科幻Neo Sci-Fi_v1.0:1>，Highest quality,ultra-high definition,masterpiece, 8k quality，(extremely detailed CG unity 8k wallpaper) LAOWANG,architectural photography, science fiction style, cyberpunk style, science fiction architecture,

图 8-16　AIGC 不同风格关键词效果 2

（3）城市鸟瞰图（图8-17）

Lora： <lora:老王MIR建筑鸟瞰表现增强_v0.6:1>

关键词： <lora:老王MIR建筑鸟瞰表现增强_v0.6:0.5>, LAOWANG,(extremely detailed CG unity 8k wallpaper) Aerial view, urban planning, modern urban design, modern style architecture, metropolis,（extremely detailed CG unit 8k wallpaper）,（masterpiece）,（best quality）,（super detail）,（best illustration）,（best shadow）,

图8-17　AIGC不同风格关键词效果3

（4）室内平面图（图8-18）

Lora： <lora:lwpm-v0.1P:1>

触发词： Rendering floor plan

关键词： <lora:lwpm-v0.1P:1>,Rendering floor plan, LAOWANG, Highest quality,ultra-high definition,masterpiece, 8k quality，(extremely detailed CG unity 8k wallpaper）apartment floor plan rendering, interior design top view, white background, best details, complete furniture,

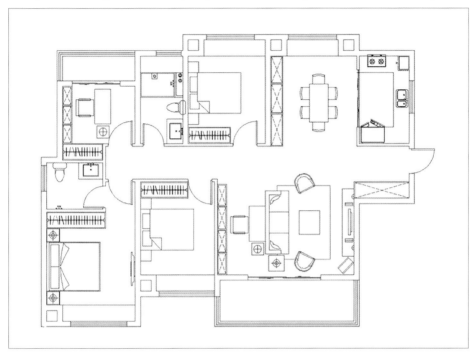

图8-18　AIGC不同风格关键词效果4

（5）苏式园林风（图 8-19）

Lora：<lora:suzhouyuanlinV1（1）:1>

触发词：EAST_ASIAN_ARCHITECTURE东亚建筑ARCHITECTURE建筑BRIDGE舰桥
BUILDING建筑物GARDEN花园

关键词：<lora:suzhouyuanlinV1（1）:1>,Highest quality,ultra-high definition,masterpiece,
8k quality，(extremely detailed CG unity 8k wallpaper），LAOWANG,retro architecture,
luxurious architecture, Buildings, gardens, bridges, East Asian architecture, Suzhou gardens

图 8-19　AIGC 不同风格关键词效果 5

（6）热带海岛风（图8-20）

Lora：Delfino _ Plaza

触发词：Delfino _ Plaza

关键词：<lora:Delfino_Plaza:1>,Delfino_Plaza,Highest quality,ultra-high definition,masterpiece, 8k quality，　LAOWANG,modern architecture, modern style,retro architecture, luxurious architecture, Tropical, Beach

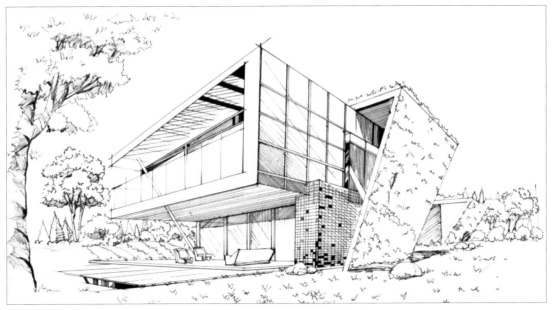

图8-20　AIGC不同风格关键词效果6

（7）简约工业风（图8-21）

Lora：STUDIO-工业风咖啡店 Industrial style coffee shop_V1.0

触发词：Industrial style coffee shop，outdoor scene，indoor scene

关键词：<lora:STUDIO-工业风咖啡店 Industrial style coffee shop_V1.0:0.6>,(otherworldly),
LAOWANG,Highest quality,ultra-high definition,masterpiece,8k quality,(extremely detailed CG
unity 8k wallpaper),Restaurant Commercial Space Design,Restaurant Design,

图8-21　AIGC不同风格关键词效果7

（8）商务风（图8-22）

Lora：酒店公区丨公共空间丨工装系列

触发词：Hotel public area

关键词：<lora:酒店公区丨公共空间丨工装系列:0.8>,(otherworldly),LAOWANG,Highest quality,ultra-high definition,masterpiece,8k quality,(extremely detailed CG unity 8k wallpaper),Hotel public area,Hotel lobby space,Steady hands,Grey,beige,brown,

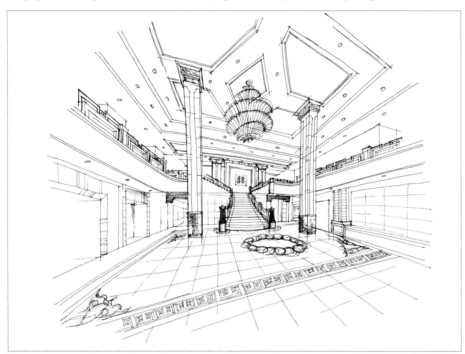

图 8-22　AIGC 不同风格关键词效果 8

总结与展望

本章对AIGC手绘应用进行了全面的概述,从基本的AIGC概念入手,详细介绍了其在手绘创作中的应用,包括从线稿到效果图的进阶教程,以及如何调整和优化AIGC工具生成的图像。通过不同风格和主题的效果图生成实例,进一步探索了AIGC工具的多样性和灵活性。

1. AIGC 工具在手绘创作中的作用和潜力

AIGC技术在手绘创作中的应用不仅开启了艺术创作的新纪元,也为艺术家和设计师提供了前所未有的工具和可能性。以下是AIGC工具在手绘创作中的主要作用和展现出的潜力。

(1)提升创作效率:AIGC工具能够快速将概念和草图转化为详细的线稿和效果图,可大幅度提高创作效率。这对于需要大量视觉内容的项目尤为重要,如图书插画、游戏设计、动画制作等。

(2)艺术风格的多样性:借助AIGC工具,艺术家和设计师可以轻松尝试和探索不同的艺术风格。从传统的油画、水彩到现代的数字艺术风格,AIGC工具都能够模仿甚至创新,为创作带来无限的可能性。

(3)降低技术门槛:AIGC工具使得那些没有专业绘画技能的人也能创作出高质量的艺术作品,从而降低了艺术创作的技术门槛。这不仅为更广泛的人群开放了艺术创作的可能性,也丰富了艺术表达的多样性。

(4)支持个性化创作:AIGC工具能够根据艺术家和设计师的具体指令和偏好生成个性化的作品。这种高度的定制化和个性化支持,为艺术家和设计师提供了更广阔的创作空间和自由度。

(5)实验性和探索性:AIGC工具鼓励艺术家和设计师进行实验和探索,尝试新的创作方法和艺术表达。这不仅可以推动个人艺术风格的发展,也为整个艺术界带来创新和灵感。

尽管AIGC技术仍在不断发展之中,但其在手绘创作中已经展现出巨大的潜力和价值。未来,随着技术的进一步完善和应用的深入,AIGC工具将在艺术创作领域发挥更加重要的作用,激发更多的创意和创新。

2. 鼓励实验并探索 AIGC 技术在个人艺术实践中的应用

AIGC技术的出现为个人艺术实践带来了前所未有的机遇。为了充分利用这项技术,鼓励我们在自己的艺术创作中进行实验和探索至关重要。以下是一些策略,旨在激发我们利用AIGC工具进行艺术实践。

(1)开始于简单实验:即使你对AIGC技术不太熟悉,也可以从简单的实验开始。我们可以尝试使用AIGC工具生成一些基础的图像,如风景、物体或简单的人物画像,从而逐步熟悉工具的操作和功能。

（2）探索不同的艺术风格：利用AIGC工具的强大功能，尝试探索不同的艺术风格，如印象派、超现实主义或现代抽象艺术等。这不仅能帮助我们理解各种艺术风格特点，还能激发新的创作灵感。

（3）结合传统技巧和AIGC工具：将传统艺术技巧与AIGC工具结合起来，可以产生独特而有趣的作品。例如，你可以先用AIGC工具创建一个基本的画面布局，然后用传统的绘画技巧进行进一步的细化和个性化。

（4）个性化创作探索：利用AIGC工具的定制化功能，根据自己的创作意图和风格偏好进行个性化的创作实验。这可以帮助你发展独特的艺术语言和表达方式。

（5）加入在线社区和挑战：加入AIGC艺术家和爱好者的在线社区，参与挑战和活动。这可以让你了解他人如何使用AIGC工具进行创作，从而获得灵感和学习到新的技巧。

（6）持续学习和实践：AIGC技术和AIGC工具在不断发展，持续学习最新的技术进展和实践方法对于充分利用AIGC进行艺术创作非常重要。

通过上述策略，我们可以在个人艺术实践中有效地利用AIGC工具进行创作，不仅可以提高创作效率，还能拓展艺术表达的边界。鼓励我们在手绘创作中勇于实验和探索，让AIGC工具成为我们艺术创作旅程中的有力伙伴。

第九章 优秀学生手绘效果图作品

本章知识点

本章展现的是近几年学生手绘课程优秀作品（图9-1至图9-30）。不断学习借鉴，进步不分你我。只有吸取更多、更广的知识才能丰富头脑，只有更多地观摩、练习才能熟练掌握各种手绘表现技法。

学习目标

通过手绘室内设计作品的赏析，锻炼学生的设计思维和表达能力，以期更好地理解空间的结构、功能和美感，培养较强的设计感和创新能力。同时，希望通过手绘练习，可以帮助学生提高基本造型能力和动手实践能力，为后续专业课程的学习打下坚实的基础。

图 9-1　室内客厅线稿表现 1

图 9-2　室内客厅线稿表现 2

图 9-3　卧室线稿表现

图 9-4　卧室色彩手绘表现 1

图 9-5　室内色彩手绘表现 1

图 9-6　客厅色彩手绘表现 1

图 9-7　客厅色彩手绘表现 2

图 9-8　室内色彩手绘表现 2

图 9-9　室内色彩手绘表现 3

图 9-10　室内色彩手绘表现 4

图 9-11　室内色彩手绘表现 5

图 9-12　室内色彩手绘表现 6

图 9-13　卧室色彩手绘表现 2

图 9-14　室内色彩手绘表现 7

图 9-15　室内色彩手绘表现 8

图 9-16　室内色彩手绘表现 9

图 9-17　室内色彩手绘表现 10

图 9-18　室外建筑线稿表现 1

图 9-19　室外建筑线稿表现 2

图 9-20　室外建筑手绘表现

图 9-21　室外景观线稿表现

图 9-22　室外建筑色彩手绘表现 1

图 9-23　室外建筑色彩手绘表现 2

图 9-24　室外建筑色彩手绘表现 3

图 9-25　室外建筑色彩手绘表现 4

图 9-26　室外建筑色彩手绘表现 5

图 9-27　室外景观色彩手绘表现 1

图 9-28　室外景观色彩手绘表现 2

图 9-29　室外景观色彩手绘表现 3

图 9-30　室外景观色彩手绘表现 4

本章小结

　　本章提供了学生的一些优秀作品，这些作品是较好的临摹范本。在学习和临摹作品的过程中要多思考设计与表现的衔接关系。创作出一幅优秀作品，除了要具有精湛的手绘技法外，设计方案也很重要。只有正确地把握了设计的立意与构思，才能绘制出理想的手绘效果图。为此，必须把提高自身的专业理论知识和文化艺术修养、培养创造思维能力和深刻的理解能力作为重要的举措贯穿学习始终。

思考与练习

　　选择本章学生作品中不同空间类型的效果图进行临摹练习。

参 考 文 献

[1] 张绮曼，郑曙旸.室内设计资料集 [M] .北京：中国建筑工业出版社，1991.

[2] 杨健.手绘岁月 [M] .南昌：江西美术出版社，2011.

[3] 陈红卫.陈红卫手绘表现 [M] .福州：福建科学技术出版社，2013.

[4] 吕从娜，等.手绘效果图表现技法：步骤详解与实践 [M] .北京：清华大学出版社，2013.

[5] 连柏慧.纯粹手绘：室内手绘快速表现 [M] .北京：机械工业出版社，2008.

[6] 邓蒲兵.马克笔表现技法进阶 [M] .北京：海洋出版社，2012.

[7] 施徐华.室内设计手绘快速表现 [M] .武汉：华中科技大学出版社，2010.

[8] 突围设计考研.环境艺术设计考研高分攻略：室内篇 [M] .南京：江苏凤凰科学技术出版社，2017.